식물이
좋아지는
식물책

씨앗부터 나무까지, 식물과 친해지고 싶을 때
필요한 72가지 질문

식물이
좋아지는
식물책

김진옥 글, 사진

궁리
KungRee

일러두기

1. 이 책은 2011년 〈다른세상〉에서 나온 『식물이 좋아지는 식물책』을 개정증보해 펴냈습니다.
2. 본문에 별도로 저작권 표기가 된 자료 이외의 모든 사진들은 저자가 촬영한 것입니다.

개정판을 내며

『식물이 좋아지는 식물책』이 다시 나왔어요!

그동안 식물을 더 좋아하게 만들었던 식물책이 새 옷을 입고 다시 여러분 곁으로 왔답니다. 예전처럼 이 책에서는 식물을 잎과 꽃, 뿌리와 줄기, 열매와 씨, 생활과 환경으로 나누어 자세히 소개하고 우리가 잘 알지 못하는 식물을 모습을 설명하고 있어요.

하지만 이번에는 강낭콩의 뿌리가 자라는 사진이나 쌍떡잎식물과 외떡잎식물의 관다발 사진 등 지난번에 미처 보여 주지 못했던 부분의 사진을 추가로 넣었어요. 또 새로이 물가나 물속에 사는 식물 이야기나 식물세포, 식물이름에 관한 정보도 넣었어요. 마지막으로 앞으로 우리가 지켜 주지 않으면 멸종되어 버릴지도 모르는 안타까운 식물들의 소식도 담았답니다.

식물은 알면 알수록 좋아지는 친구예요. 이 책을 읽고 여러분도 식물의 매력에 빠져 보는 건 어떨까요? 자, 이제 식물이 더욱더 좋아지는 식물책 속으로 들어가 보아요!

신기한 세계를 친구들에게 소개해요

여러분에게 식물은 어떤 친구인가요? 말없이 항상 내 옆을 지켜 주는 든든한 친구인가요? 아니면 예쁜 꽃으로 내 마음을 즐겁게 해 주는 고마운 친구인가요? 어떤 사람들은 종종 식물을 하루 종일 가만히 서 있기만 하는 재미없는 친구라고 생각하기도 해요. 하지만 그건 식물을 단단히 오해하고 있는 거랍니다.

식물은 하루 종일 얼마나 부지런히 움직이는지 몰라요. 해가 있는 쪽으로 열심히 몸을 구부리거나 물이 있는 땅으로 뿌리를 깊이 내리기도 하지요. 또 잎이나 줄기를 덩굴손으로 변신시켜서 영차영차 다른 물체를 감아 올라가기도 하고, 거센 바람에 적응하기 위해 키를 낮추기도 해요. 또한 살아가는 데 필요한 양분이 부족하면 벌레를 잡아먹기도 하지요. 식물은 동물처럼 눈에 띄게 여기저기를 움직여 다니지는 않지만, 주어진 환경에 적응해서 살아가기 위해 지금 이 순간에도 분주히 움직이고 있답니다. 그래서 씨앗부터 나무까지 식물에 대해 알게 되면 식물을 더 이상 재미없는 친구라고 생각할 수 없어요.

　무엇보다 식물은 우리가 살아가는 데에 없어서는 안 되는 소중한 친구예요. 우리가 숨 쉴 때 필요한 산소도, 매일 먹는 쌀도 식물의 선물이지요. 식물의 열매나 잎, 줄기, 뿌리는 우리에게 중요한 먹을거리예요. 그뿐만이 아니라 식물은 시원한 그늘과 튼튼한 울타리, 건축재료, 천연섬유, 종이 등 생활에 필요한 많은 것을 주지요. 인류가 나타나기 훨씬 전부터 지구에 있던 식물은 어쩌면 오늘날의 우리가 살아올 수 있게 해 준 가장 중요한 존재일지도 몰라요. 지금도 식물은 인간을 포함한 수많은 생물에게 먹이와 서식처를 주고 있으니까요.

　우리는 이런 다양한 모습을 가진 식물을 얼마나 알고 있는 걸까요? 분주히 움직이는 식물의 모습이나 우리 생활에 없어서는 안 되는 식물에 대해 더 자세히 알고 싶지는 않나요?

　자, 그럼 씨앗부터 나무까지 신기한 이야기가 가득한 식물의 세계로 떠나 보아요.

차례

개정판을 내며 · 5
신기한 세계를 친구들에게 소개해요 · 7

1장 : 잎과 꽃

1 · 잎은 세상에서 가장 뛰어난 공장이다? · 17
2 · 식물이 만든 양분은 모두 녹말로 저장된다? · 20
3 · 햇빛이 없는 밤에 식물은 무엇을 하나? · 23
4 · 날씨가 더운 여름철에는 잎에서 물이 떨어진다? · 27
5 · 식물의 잎에는 엄청나게 많은 구멍이 있다? · 29
6 · 식물마다 잎의 생김새가 다르다? · 33
7 · 잎이 하는 일은 광합성뿐이다? · 38
8 · 단풍이 드는 이유는 무엇일까? · 40
9 · 식물은 대부분 겨울이면 잎이 떨어진다? · 43
10 · 상록수도 낙엽이 진다? · 46
11 · 콩은 잎을 뜯어 줄수록 더 많이 열린다? · 49

12 · 먹으면 안 되는 잎을 가진 식물은 누구일까?　51 ·
13 · 꽃은 왜 암술과 수술이 있는 걸까?　53 ·
14 · 밑씨가 씨방 없이 밖으로 나와 있는 식물도 있다?　57 ·
15 · 꽃에 따라 꽃가루받이를 하는 이가 다르다?　61 ·
16 · 벌과 나비는 꿀을 먹고 꽃가루받이를 해 준다?　65 ·
17 · 새들은 어떻게 꽃가루받이를 도와줄까?　69 ·
18 · 바람과 물이 꽃가루받이를 해 주는 식물도 있다?　72 ·
19 · 해바라기는 가장 큰 꽃이다?　75 ·
20 · 국화꽃처럼 먹어도 되는 꽃은 무엇이 있을까?　78 ·
21 · 꽃이 피지 않는 식물도 있다?　82 ·

2장 : 뿌리와 줄기

1 · 큰 나무의 뿌리는 나무키만큼 깊이 자란다?　87 ·
2 · 뿌리털이 없는 식물도 있다?　90 ·
3 · 뿌리는 아래쪽으로만 자란다?　93 ·
4 · 담쟁이덩굴은 뿌리 덕분에 벽에 잘 달라붙는다?　96 ·
5 · 개구리밥 뿌리는 균형 잡기의 고수이다?　98 ·
6 · 모든 뿌리는 먹을 수 있다?　100 ·
7 · 콩의 뿌리에는 질소를 가져다주는 친구가 있다?　103 ·
8 · 잎맥이 나란한 식물은 수염뿌리를 가지고 있다?　105 ·

9 · 식물의 줄기에는 많은 길이 있다?　　　　　　　　109
10 · 외떡잎식물의 줄기는 굵어지지 못한다?　　　　112
11 · 색다른 모양의 줄기도 많다?　　　　　　　　　115
12 · 땅속에도 줄기가 있다?　　　　　　　　　　　118
13 · 잎처럼 보이는 줄기가 있다?　　　　　　　　　121
14 · 먹어도 되는 식물의 줄기는 무엇일까?　　　　　124
15 · 식물의 줄기는 옷감이 된다?　　　　　　　　　127

3장 : 열매와 씨

1 · 열매는 어떻게 생길까?　　　　　　　　　　　　133
2 · 모든 열매는 씨방이 자라서 된 것이다?　　　　　136
3 · 열매가 익어야 씨앗도 익는다?　　　　　　　　　139
4 · 식물은 왜 씨앗을 멀리 보내려고 노력할까?　　　142
5 · 민들레 씨앗은 왜 솜털이 달렸나?　　　　　　　145
6 · 야자나무 열매 안에는 공기주머니가 있다?　　　147
7 · 봉선화 열매는 정말 손대면 톡! 하고 터질까?　　149
8 · 우엉 열매를 보고 찍찍이를 만들었다?　　　　　151
9 · 씨앗 안에는 어린싹이 들어 있다?　　　　　　　155
10 · 씨앗마다 싹 틔고 자라는 모습이 다르다?　　　158
11 · 연꽃 씨앗은 천 년이 지나도 싹이 튼다?　　　　163

12 · 솜으로 지폐를 만든다? · 165

13 · 열매로 옷감을 물들일 수 있다? · 167

14 · 모든 씨앗에서는 기름이 나온다? · 170

15 · 벼, 밀, 옥수수 열매가 사라지면 우리도 사라진다? · 173

16 · 바나나는 씨앗이 없다? · 175

17 · 모든 열매는 가을에 익는다? · 177

18 · 식물은 씨앗이나 포자 없이도 번식할 수 있다? · 179

4장 : 생활과 환경

1 · 햇빛이 많이 비칠수록 식물이 잘 자란다? · 185

2 · 식물은 봄이 왔다는 걸 어떻게 알까? · 188

3 · 식물도 잠을 잔다? · 192

4 · 식물은 수다쟁이다? · 196

5 · 코끼리는 어떻게 풀만 먹고 살까? · 200

6 · 식물은 물속에서도 숨을 쉰다? · 203

7 · 선인장은 건조한 사막에서 어떻게 살아갈까? · 209

8 · 추운 남극에도 식물이 산다? · 212

9 · 버섯은 식물일까? · 215

10 · 식물의 조상은 바다에 살았다? · 219

11 · 대나무는 나무가 아니다? · 224

12 · 벌레를 잡아먹는 파리지옥은 동물일까?   227 ·

13 · 식물세포와 동물세포는 다르다?   231 ·

14 · 동물이름을 가진 식물이 있다?   233 ·

15 · 공기정화식물이 위험할 수 있다?   238 ·

16 · 식물로 사람의 병을 치료한다?   242 ·

17 · 세계적으로 가장 인기 있는 크리스마스 트리는 한국의 나무이다?
  246 ·

18 · 멸종위기에 처한 식물이 있다?   249 ·

초등학교 교과 연계 자료 목록   253 ·

1장

잎과 꽃

1

잎은 세상에서
가장 뛰어난 공장이다?

　식물은 스스로 양분을 만들어 내는 놀라운 능력을 가지고 있어요. 동물은 이미 누군가가 만들어 놓은 양분을 먹고 살아가지만, 식물은 필요한 양분을 스스로 만든답니다. 식물이 양분을 스스로 만들 수 있는 것은 잎에 양분을 만드는 공장이 있기 때문이에요. 바로 '엽록체'라고 하는 초록색의 공장이요.

　엽록체 안에는 햇빛을 흡수해서 양분을 만들어 내는 일꾼인 '엽록소'가 있어요. 식물의 잎이 초록색으로 보이는 것도 엽록소가 초록색이라서 그래요. 엽록체는 태양으로부터 온 빛과 땅에서 끌어온 물, 그리고 공기 속의 이산화탄소, 이렇게 세 가지를 가지고 식물이 살아가는 데 필요한 양분을 만들어 내요. 식물이 양분을 만드는 이 과정을 '광합성'이라고 하지요. 광합성을 통해 포도당이라고 하는 양분과 산소가 만들어진답니다.

햇빛 + 물 + 이산화탄소 ⇒ 양분(포도당) + 산소

광합성을 통해 만든 양분과 산소는 식물뿐만이 아니라 동물에게도 꼭 필요해요. 사람을 포함한 모든 동물의 먹이가 식물이 만든 양분에서부터 시작됐거든요. 그리고 광합성을 통해 만들어진 산소 덕분에 우리가 숨을 쉴 수 있지요.

햇빛과 물, 이산화탄소를 가지고 세상의 다양한 생물들이 먹을 수 있는 양분과 우리가 살아가기 위해 꼭 필요한 산소를 만들어 내는 식물은 세상에서 가장 뛰어난 공장이라고 할 수 있답니다.

식물의 광합성

엽록소가 없는 식물

엽록소가 없어서 스스로 양분을 만들지 못하는 식물도 있어요. 엽록소가 없는 식물은 살아가기 위해 광합성이 아닌 다른 방법을 찾아냈지요. 바로 '다른 식물의 양분을 빼앗기', 다른 말로 '기생'이라는 방법입니다. 엽록소가 없는 식물은 다른 식물에 기생하여 그 식물이 가지고 있는 양분을 빨아먹으며 살아가는 것이지요.

대표적인 식물로는 억새의 뿌리에 붙어살면서 억새의 양분을 몰래 빼앗아 살아가는 야고가 있어요. 야고는 양분을 만들어 내는 엽록소가 없기 때문에 초록색 잎도 없답니다. 억새는 열심히 만들어 놓은 양분을 힘도 안 들이고 빼앗아 가는 야고가 얄밉기도 하지만, 그래도 좀처럼 미워할 수는 없어요. 가을에 피는 야고의 꽃은 정말 예쁘거든요.

야고

2
식물이 만든 양분은 모두 녹말로 저장된다?

　식물의 잎에서 광합성으로 만들어진 양분은 '포도당'이에요. 하지만, 일반적으로 식물은 포도당을 만들어 일단 녹말로 바꾸어 놓아요. 만들어진 포도당을 그대로 사용하지 않고 녹말로 바꾸는 것은 녹말이 포도당보다 저장하기 위해서 필요한 공간이 적을 뿐만 아니라 물에 잘 녹지 않기 때문이에요. 그냥 포도당을 차곡차곡 쌓아올려서 꾹 눌러 부피를 줄인 것이 녹말이라고 생각하면 쉬워요.
　식물은 이 녹말을 다시 포도당으로 바꿔서 살아가는 데 필요한 에너지로 사용하기도 하고, 다른 형태의 탄수화물이나 지방, 단백질 등으로 바꿔서 식물의 몸을 만드는 데 쓰기도 해요. 그리고 남은 양분은 열매나 뿌리, 줄기 등에 저장해 두지요. 특히나 식물은 양분을 열매나 그 안에 있는 씨앗에 주로 저장해 두어요. 그래야 튼튼한 자손을 남길 수 있으니까요. 우리가 매일 먹는 쌀이나 맛있는 사과는

1. 쌀(씨앗)   2. 사과(열매)   3. 고구마(뿌리-탄수화물)   4. 당근(뿌리-탄수화물)
5. 감자(줄기-녹말)   6. 양파(줄기-포도당)   7. 땅콩(씨앗-지방)   8. 콩(씨앗-단백질)

식물이 양분을 가득 모아 놓은 것이랍니다. 하지만 뿌리나 줄기에 양분을 저장하는 경우도 있어요. 고구마나 당근처럼 뿌리에 저장하는 경우와 감자나 양파처럼 줄기에 저장하는 경우가 그렇지요.

또 식물은 양분을 저장할 때 다양한 형태로 저장해요. 포도당이나 설탕, 녹말처럼 탄수화물의 형태로 저장하기도 하고, 지방이나 단백질의 형태로 저장하기도 하지요. 예를 들어, 양파는 포도당의 형태로, 사탕수수는 설탕으로, 감자는 녹말의 형태로 양분을 저장하고, 땅콩이나 깨는 지방으로, 콩은 단백질의 형태로 저장해요. 식물이 처음에 만들어 낸 양분은 똑같이 포도당이지만 각각의 식물을 먹었을 때 각기 다른 맛이 나는 건 이런 이유 아닐까요?

3

햇빛이 없는 밤에
식물은 무엇을 하나?

　햇빛이 없어서 광합성을 할 수 없는 밤에 식물은 무슨 일을 할까요? 그냥 조용히 해가 뜨기만을 기다리는 걸까요? 식물은 밤에 아무것도 하지 않는 것처럼 보이지만 사실은 아주 중요한 일을 하고 있어요. 살아 있다면 누구나 하는 중요한 일, 바로 '호흡'말이에요.

양분(포도당) + 산소 ⇒ 물 + 이산화탄소 + 에너지

　식물의 호흡은 사람과 같은 동물의 호흡과 마찬가지로 산소를 들이마시고 이산화탄소를 내보내는 활동이에요. 이때 광합성으로 만든 양분을 사용해서 필요한 에너지를 얻어요.
　"아니, 산소를 만들어 내는 줄만 알았던 식물이 동물처럼 산소를 마시고 이산화탄소를 내보낸다고?" 하며 깜짝 놀라는 친구도 있겠지만, 식물도 동물처럼 살아 있기 때문에 당연히 호흡을 해요.

　식물이 호흡으로 들이마시는 산소의 양보다 광합성으로 만들어 내는 산소의 양이 훨씬 많기 때문에 흔히 식물은 산소를 만들어서 내보내기만 하는 줄 알지요. 그럼 식물은 낮에는 광합성을 하고, 밤에만 호흡을 하는 걸까요?

　정답은 '아니오.'입니다. 광합성은 햇빛이 있는 낮에만 일어나지만, 호흡은 식물이 살아 있는 동안 언제나 일어납니다. 낮에는 호흡보다 광합성이 더 활발해서 호흡으로 없어지는 산소보다 광합성으로 생겨나는 산소의 양이 훨씬 많아요. 그래서 식물이 산소를 내보내는 광합성만 하는 것처럼 보여요. 그리고 밤에는 광합성을 하지 않고 산소를 들이마시기만 하니 호흡만 하는 것처럼 보이지요. 하지

양분(포도당) + 산소(O_2)
⇒ 물 + 이산화탄소(CO_2) + 에너지

만, 호흡은 광합성을 하는 낮에도 일어나고 있답니다. 또 광합성은 주로 엽록체가 가장 많은 잎에서만 일어나지만, 호흡은 식물의 뿌리, 줄기, 잎, 꽃 등 모든 부분에서 일어나고 있습니다.

산소 제조기 식물

식물이 만들어 내는 산소의 양은 얼마나 될까요? 가로와 세로가 각 100미터인 1헥타르의 숲이 1년 동안 만들어 내는 산소의 양은 무려 12톤이나 된다고 해요. 1톤은 100만 그램과 같으니 하루에 만드는 산소의 양은 약 33,000그램인 셈이지요. 한 사람이 하루에 필요한 산소의

양이 750그램이니까 1헥타르의 숲이 하루에 만드는 산소로 44명이 숨을 쉴 수 있어요.

또한 지구의 열대우림 중 가장 큰 아마존 밀림의 식물들이 만드는 산소의 양이 지구 전체가 만들어 내는 산소량의 1/3이나 되지요. 자, 이제 우리 모두에게 없어서는 안 되는 소중한 숲을 아끼고 사랑하기로 약속해요.

4

날씨가 더운 여름철에는 잎에서 물이 떨어진다?

　햇빛이 쨍쨍한 여름, 길을 가다가 높은 곳에서 빗방울처럼 떨어지는 물을 맞아 본 적 있나요? 비가 오는 것도 아니고 누가 물을 뿌린 것도 아닌데 말이에요. 그럼 주위를 살펴보세요. 혹시 머리 위 나뭇가지에서 펄렁이고 있는 나뭇잎이 있지 않나요? 그렇다면 그 물은 바로 그 나뭇잎에서 떨어진 거랍니다.

　식물이 뿌리로 흡수한 물은 줄기를 통해 잎으로 이동해요. 잎에 도달한 물은 광합성에 필요한 만큼 사용되고 나머지는 공기 중으로 나오지요. 이렇게 물이 잎을 통해서 공기 중으로 나가는 활동을 증산 작용이라고 해요.

　식물은 힘들게 끌어올린 물을 왜 밖으로 내보내느냐고요? 증산 작용은 식물에게 참 중요해요. 광합성을 위해 꼭 필요한 물을 뿌리에서부터 잎까지 끌어올릴 수 있는 힘이 증산 작용에서 나오기 때문

이지요. 식물 안의 물은 뿌리에서 잎까지 하나의 물기둥처럼 되어 있어요. 우리가 빨대로 물을 마실 때 빨대 끝을 입 속에 넣고 물을 쭉 하고 빨아들여야 빨대 안으로 새로운 물이 들어오지요? 이와 마찬가지로 식물이 땅속의 물을 몸 안으로 끌어올리기 위해서는 물기둥의 가장 끝부분인 잎에서 물이 밖으로 나가야 해요. 그래야 빠져나간 물만큼 뿌리에서부터 새로운 물이 들어올 수 있어요.

또 증산 작용이 중요한 이유가 있어요. 날씨가 무척 더운 여름에는 잎 밖으로 많은 물을 내보내 열로부터 식물을 보호해 주기도 하거든요. 마치 우리 몸이 여름철에 땀을 흘려서 더위를 식히는 것처럼 말이에요. 잎에서 증산 작용이 활발히 일어나면 땅속에 있는 시원한 물을 계속 끌어올려서 온도를 조절할 수 있어요. 그래서 평소에는 기체 형태로 나와서 공기 중으로 사라져 버리던 물이 날씨가 더운 여름철에는 한꺼번에 많은 양이 나오다 보니 무거워서 땅으로 떨어지게 된답니다.

5

식물의 잎에는 엄청나게 많은 구멍이 있다?

 잎까지 올라온 물은 어디로 나가는 걸까요? 잎의 뒷면을 찬찬히 살펴보세요. 아무리 봐도 모르겠다고요? 잎 뒷면에는 엄청나게 많은 구멍이 있고, 물은 이 구멍을 통해 밖으로 나가요. 하지만 아쉽게도 잎에 있는 구멍은 우리 눈으로는 볼 수 없을 정도로 아주 작아요. 그래서 제대로 관찰하기 위해서는 현미경이 필요하지요.

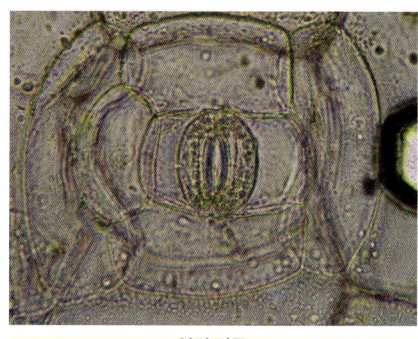

열린 기공

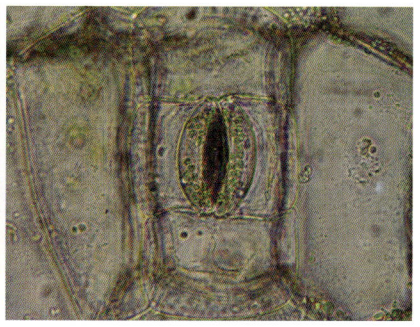

닫힌 기공

현미경을 통해서 잎 뒷면을 살펴보면, 셀 수 없을 정도로 많은 구멍이 보여요. 잎 뒷면에 있는 이 많은 구멍을 '기공'이라고 부르지요. 기공은 두 개의 '공변세포'로 이루어져 있는데, 공변세포가 서로 붙었다 떨어졌다 하면서 기공이 닫히고 열려요.

공변세포가 서로 떨어지면서 기공이 열릴 때 바로 잎에 있던 물도 밖으로 나간답니다. 광합성과 호흡에 필요한 산소와 이산화탄소도 이 기공을 통해서 드나들어요. 즉, 식물에게 기공은 우리의 콧구멍과 같은 셈이지요.

식물 대부분은 기공이 잎의 뒷면에 있어요. 왜냐하면 햇빛이 바로 비치는 잎 앞면에 기공이 있으면, 기공이 열렸을 때 잎에 있던 물이 금방 말라버릴 수 있기 때문이에요.

대부분이라는 말이 붙어 있는 걸 보면 알겠지만, 식물의 기공이 모두 잎의 뒷면에만 있는 것은 아니랍니다. 예를 들어 수련처럼 물

수련

에 둥둥 떠 있는 잎을 가진 식물은 잎의 앞면에 기공이 있어요. 만약 수련의 잎 뒷면에 기공이 있었다면 기공이 물과 닿아 있어서 공기 중의 산소와 이산화탄소가 쉽게 드나들 수 없었을 거예요.

그렇다면 붓꽃의 잎처럼 앞뒤의 구별이 없으면서 세로로 길쭉하게 서서 자라는 잎은 어디에 기공이 있을까

붓꽃

요? 정답은 바로 잎의 양면이에요. 해가 어느 쪽에서 비칠지 모르기 때문에 붓꽃은 잎의 양면에 골고루 기공이 있답니다.

일액 현상

한여름 밤처럼 공기 중에 물이 많고 기온이 높지 않을 때는 잎에서 증산 작용이 활발하게 일어나지 않아요. 하지만 뿌리는 낮부터 꾸준히 많은 물을 빨아들였기 때문에 식물 속의 물은 넘칠 만큼 많지요. 증산 작용으로 내보낼 수 있는 물의 양보다 뿌리에서 빨아들이는 물의 양이 훨씬 많을 때 식물은 잎 끝에 있는 물구멍을 통해서 물을 내뿜어요.

식물이 물구멍을 통해 물을 내뿜는 현상을 '일액 현상'이라고 해요. 물구멍은 기공과는 달리 주로 잎 끝에 있고, 한꺼번에 많은 양의 물을 내보낼 수 있어요. 흔히 이른 아침 잎 가장자리에 송골송골 맺혀 있는 물방울을 보고 이슬방울이라고 생각하지만, 알고 보면 식물이 일액 현상으로 물을 뿜어 낸 경우가 더 많답니다.

6

식물마다 잎의 생김새가 다르다?

　식물의 잎은 대개 잎몸, 잎자루, 턱잎의 세 부분으로 이루어져 있어요. 잎몸은 잎의 가장 중요한 부분으로 양분을 만드는 일을 하고, 잎자루는 잎몸과 줄기를 이어 주지요. 잎자루 밑에 붙어 있는 턱잎은 어린싹을 보호하는 일을 하는데 대부분 잎이 자라면서 떨어져요. 그리고 잎몸에는 선처럼 보이는 것이 있는데, 이것을 잎맥이라고 해요.
　잎의 모양은 식물의 종류에 따라 각각 달라요. 소나무는 바늘 모양 잎을 가지고 있고, 단풍나무는 손바닥 모양, 박태기나무는 심장 모양, 은행나무는 부채 모양 잎을 가지고 있어요. 잎의 모양뿐 아니라 잎 가장자리의 모양도 다양해요. 부레옥잠이나 감나무, 목련처럼 둘레가 매끈한 잎도 있고, 벚나무나 장미, 단풍나무처럼 둘레가 톱니 모양인 잎도 있어요.
　또한 하나의 잎자루에 달린 잎의 개수가 한 장인 잎과 여러 장인

잎의 구조

잎이 있지요. 벚나무나 단풍나무는 하나의 잎자루에 잎이 한 장밖에 안 달려 있지만, 토끼풀이나 장미, 등나무, 아까시나무의 경우에는 하나의 잎자루에 작은 잎이 여러 장 붙어 있답니다.

그리고 잎이 줄기에 달린 모양도 식물마다 제각각이에요. 잎이 줄기에 달린 모양을 잎차례라고 하는데, 잎차례는 개나리, 쥐똥나무, 별꽃처럼 두 장씩 서로 마주보며 붙어 있는 마주나기, 강아지풀, 해바라기, 참나리, 강낭콩처럼 서로 어긋나게 붙어 있는 어긋나기, 말나리, 쇠뜨기, 도라지, 잔대, 검정말처럼 세 장 이상의 잎이 돌아가면서 붙어 있는 돌려나기, 또 은행나무, 소나무처럼 여러 개의 잎이 함께 붙어 있는 뭉쳐나기(무리지어나기) 등으로 나눌 수 있어요.

이처럼 잎의 생김새가 다양한 이유는 무엇일까요? 생김새와 상관없이 모두 똑같이 광합성으로 양분을 만드는 일을 하는데 말이에요. 잎의 생김새가 다양한 것은 모든 식물이 사는 환경이 다양하기 때문이랍니다. 그래서 각자 주어진 환경에서 더 잘 살아남기 위해서 다양한 모양의 잎을 발달시킨 것이에요.

코알라가 즐겨 먹는 유칼립투스 잎이 커가면서 모양을 바꾸는 것도 환경에 적응한 예라고 볼 수 있어요. 유칼립투스 잎은 어릴 때는 동그란 모양이라 햇빛을 많이 받을 수 있어서 성장하는 데 좋아요. 그리고 충분히 자란 후에는 몸속에 물이 빠져나가지 않도록 하는 게 중요하기 때문에 좁고 길쭉한 모양으로 잎이 변해요. 동그란 모양보다 좁고 길쭉한 모양의 잎이 면적이 작아서 물이 빠져나가는 기공의 수가 적거든요. 건조한 지역에 사는 유칼립투스는 잎의 모양을 바꿔가며 환경에 적응한답니다.

1. 소나무 잎(바늘 모양) 2. 단풍나무 잎(손바닥 모양) 3. 박태기나무 잎(심장 모양) 4. 은행나무 잎(부채 모양)

1. 감나무 잎(잎 가장자리-매끈함)   2. 장미 잎(잎 가장자리-톱니 모양)
3. 벚나무 잎(잎자루 하나에 한 장의 잎)   4. 토끼풀 잎(잎자루 하나에 여러 장의 잎)

1. 마주나기(개나리)   2. 어긋나기(강아지풀)   3. 돌려나기(말나리)   4. 뭉쳐나기(은행나무)

유칼립투스 어린잎

유칼립투스 다 자란 잎

7
잎이 하는 일은 광합성뿐이다?

    식물의 잎은 광합성만 하는 게 아니에요. 보다 잘 살기 위해 특별한 모습으로 변신한 채 살아가는 특수한 잎들도 있어요. 자신이 사는 환경에 스스로를 맞춘 잎들이지요. 잎인지? 아닌지? 알쏭달쏭하기까지 한 모습으로 열심히 일하고 있는 잎들을 만나 볼까요?

    먼저 만나 볼 잎은 벌레잡이를 하는 네펜데스 잎이에요. 네펜데스 잎은 항아리 모양으로 특이하게 생겼지요. 그래서 벌레가 한번 들어가면 빠져나올 수 없어요. 또한 안에는 소화액이 들어 있어서 벌레를 녹여서 먹을 수 있답니다. 그리고 주위에 있는 물체를 감아서 식물을 고정시키는 덩굴손이라는 잎도 있어요. 덩굴손은 똑바로 설 수 있는 단단한 줄기가 없는 덩굴식물에게 아주 중요한 잎이에요. 덩굴식물이 햇빛을 더 받기 위해서 옆으로 뻗어 나갈 때 물체를 꽉 잡게 해 주는 게 덩굴손이거든요. 완두나 청미래덩굴이 넓게 뻗어 나갈 수 있는 것은 모두 덩굴손 덕분이지요.

 또한 화려한 색깔로 꽃처럼 곤충을 유혹하는 잎도 있어요. 포인세티아의 잎처럼 말이에요. 사람들이 좋아하는 포인세티아의 빨갛고 넓은 부분은 꽃잎으로 보이지만, 사실은 잎이랍니다. 너무 작아서 곤충에게 보이지 않는 꽃을 대신해서 커다란 잎이 빨간색 옷으로 갈아입고 곤충을 유혹하는 거예요. 그리고 잎 속에 물을 잔뜩 머금고 있어서 마치 열매처럼 통통한 다육식물의 잎이 있어요. 건조한 지역에 사는 다육식물의 잎은 부족한 물을 저장하기에 아주 알맞은 모양이에요. 만약 잎이 물이 저장할 수 없었다면 건조한 곳에서 살아가기에 더욱 어려웠을지도 몰라요. 광합성을 하는 것만으로도 놀라운데 특수한 기능까지 가지고 있다니 식물의 잎은 참 대단하지 않나요?

1. 네펜데스 벌레잡이 잎 2. 식물을 감고 있는 덩굴손 3. 포인세티아 4. 다육식물의 잎

8

단풍이 드는 이유는 무엇일까?

　가을이 되면 은행나무 잎은 노랗게, 단풍나무 잎은 빨갛게, 감나무 잎은 갈색으로 변합니다. 이렇게 잎의 색깔이 변하는 것을 '단풍이 든다.'라고 하지요. 그런데 단풍은 왜 드는 것일까요?

　그것은 식물이 추운 겨울을 이겨 내기 위해 잎을 떨어뜨리는 과정에서 생겨난 일입니다. 아니, 식물에게 잎은 살아가는 데 필요한 양분을 만드는 공장인데 그런 잎을 떨어뜨리다니 놀랍지요?

　사실 겨울에는 광합성을 할 만큼의 충분한 햇빛과 따뜻한 온도, 풍부한 물이 없기 때문에 잎 공장이 제대로 돌아가지 않습니다. 더구나 식물이 겨울에도 잎을 그대로 달고 있으면 잎에 있는 기공으로 몸 속에 있는 물이 날아가 버릴 수도 있고, 잎에 있던 물 때문에 동상에 걸릴 수도 있어요. 그래서 할 수 없이 식물은 겨울 동안에는 잎을 떨어뜨리고 조용히 겨울잠을 자듯 지내기도 해요.

붉게 물든 당단풍나무

　식물은 잎을 떨어뜨리기 위해 '떨켜층'을 만들어서 줄기와 잎 사이를 막아 버립니다. 그러면 뿌리에서 올라온 물이 잎으로 가지 못하고, 광합성으로 만든 양분도 잎에 그대로 남게 되지요. 이 양분이 잎에 쌓이면서 바로 단풍의 색을 내는 색소인 안토시아닌이 만들어집니다. 온도가 점점 내려갈수록 광합성을 하는 초록색의 엽록소는 파괴되고 잎에는 안토시아닌이 쌓여 가면서 붉은 단풍의 색이 나타나는 것이지요.

　그런데 왜 식물마다 다른 색의 단풍이 드는 걸까요? 원래 식물의 잎에는 엽록소 말고도 붉은색을 띠는 카로틴이나 노란색을 띠는 크산토필 같은 색소들이 있었어요. 하지만 그 색소들은 너무 많은 양의 엽록소 때문에 자신의 색을 보여주지 못하고 있었지요. 그러다가 점점 추워지는 날씨에 엽록소가 파괴되면 그때서야 그 색소들이 자신의 색을 나타내는 것이랍니다. 이 색소들과 잎에 쌓이는 양분에서 만들어진 안토시아닌 색소의 양에 따라 저마다 다른 색의 단풍이 드는 것입니다.

엽록소가 전부 파괴되고 여러 다른 색소로 물들었던 단풍잎은 떨켜층이 두터워지면서 결국 줄기에서 떨어집니다. 그래서 가을에 아름답게 물든 단풍은 식물이 겨울을 준비하고 있다는 신호입니다.

단풍잎 보관하기

붉게 물든 단풍잎이 너무 고와서 고이고이 집으로 가져왔는데 색깔도 변하고 말라 버려서 속상한 적 없나요? 처음 봤던 그 고운 빛깔을 생각하면 생각할수록 더 속상해지지요. 어떻게 하면 단풍잎을 예쁜 색깔 그대로 보관할 수 있을까요? 비결은 바로 글리세린이에요.

글리세린과 물을 1 : 2로 섞은 물에 단풍잎을 푹 잠기도록 일주일 정도 담그세요. 그리고 꺼내어 말리면 색과 모양이 오래도록 유지된답니다. 단풍잎뿐만 아니라 꽃이나 잎이 달린 가지도 글리세린과 물을 섞어 만든 용액에 꽂아 놓으면 원래 모습 그대로 오래 보관할 수 있어요. 참! 글리세린은 약국이나 천연 비누재료를 파는 곳에서 구할 수 있다고 해요.

9

식물은 대부분 겨울이면 잎이 떨어진다?

봄에 나왔던 잎이 여름까지 쑥쑥 자라더니 가을에는 색깔이 변하면서 말라 버렸어요. 그리고 겨울이 오자 가지에서 떨어져 '낙엽'이 되었네요. 겨울에 산이나 들에 나가 보면 대부분의 식물이 잎을 가지고 있지 않아요. 잎이 없이 가지만 앙상하게 남은 식물이 너무 추워 보이지만 오히려 식물은 잎을 떨어뜨려야만 추운 겨울에 살아남을 수 있답니다.

겨울에는 햇빛도 적고 땅속의 물도 얼어 버려서 식물이 살아가기가 힘이 들어요. 꽁꽁 언 땅에서는 물을 빨아들일 수가 없지요. 그리고 추운 날씨에 잎 안에 있는 물이 얼어서 동상에 걸리기도 쉬워요. 그래서 식물은 겨울이 오면 잎을 떨어뜨리고, 따뜻한 봄이 올 때까지 쉬지요.

하지만, 겨울에도 초록색의 잎을 가지고 있는 식물이 있어요. 그

1. 소나무 2. 잣나무 3. 사철나무
4. 동백나무 5. 향나무

　중에 가장 쉽게 볼 수 있는 것이 바로 소나무예요. 소나무는 바늘처럼 생긴 잎을 일 년 내내 가지고 있지요. 또 잣나무, 사철나무, 동백나무, 향나무, 전나무, 측백나무 등이 겨울에도 초록 잎을 그대로 달고 있는 식물들이에요.

　겨울에도 초록 잎을 그대로 달고 있는 이런 식물들은 '항상 푸른 나무'라는 뜻에서 '상록수'라고 해요. 상록수의 잎이 추운 겨울에도 얼지 않고 살아남을 수 있는 것은 두꺼운 껍질에 그 안에 동상을 막아 주는 물질이 들어 있기 때문이랍니다.

겨울 가지 관찰하기

잎이 모두 떨어져서 앙상하게만 보이는 겨울 가지에 꼭꼭 숨어 있는 것들이 있어요. 바로 다음 봄에 잎과 꽃으로 피어날 새싹입니다. 이것을 잎눈과 꽃눈이라고 해요.

잎눈과 꽃눈은 두꺼운 껍질을 덮고 그 안에서 추운 겨울을 보내요. 그리고 날씨가 따뜻한 봄이 되면, 껍질을 벗고 파릇파릇한 새싹을 틔우지요.

봄이면 하늘에서 내리는 눈처럼 꽃잎이 날리는 벚꽃의 겨울 가지에도 곧 다가올 봄에 피어날 잎과 꽃이 모두 숨어 있어요. 꼭꼭 숨어 있던 잎과 꽃은 봄이 되면 고개를 쭈욱 내민답니다. 또 목련의 겨울 가지에도 다음 봄에 잎과 꽃으로 피어날 새싹이 숨어 있는데 이 싹들은 두꺼운 털옷을 입고 있어서 추운 겨울을 따뜻하게 보낼 수 있지요.

벚꽃 겨울가지

봄가지

10

상록수도
낙엽이 진다?

　겨울에도 낙엽이 지지 않는 상록수는 한번 나온 잎을 평생 가지고 있을 것 같아요. 그런데 상록수인 소나무 숲에 가면 나무 아래에 갈색의 소나무 잎들이 잔뜩 떨어져 있는 것을 볼 수 있어요. 참 이상하죠? 이름도 '늘 푸르다'라는 뜻에서 상록수인데 땅바닥에 떨어진 잎이 있다니 말이에요.

　물론 상록수는 겨울에도 가지에 초록색의 잎을 달고 있어요. 하지만 한번 나온 잎이 평생 가지에 붙어 있지는 않아요. 상록수인 소나무도 겨울이면 잎을 떨어뜨린답니다. 단지 한꺼번에 모든 잎을 떨어뜨리는 게 아니라 오래 전에 나온 잎을 차례대로 조금씩 떨어뜨리기 때문에 나온 지 얼마 되지 않은 푸른 잎은 겨울에도 가지에 남아 있게 되는 것이지요. 또 떨어뜨린 잎만큼 봄에 새 잎이 돋아나기 때문에 우리 눈에는 소나무가 언제나 푸른 잎을 가지고 있는 것처럼 보

작년에 나온 녹색 잎과 올해 나온 연두색 잎

여요.

　상록수가 아닌 나무의 잎은 봄에 모두 나와서 겨울에 모두 떨어지지만, 상록수의 잎은 봄에 나와서 몇 년이 지난 후 추운 겨울에 떨어진답니다. 다시 말해서, 상록수의 가지에는 몇 년 동안 나온 잎이 모두 붙어 있고, 그 잎들 가운데 오래된 잎만 낙엽이 되는 것이지요. 결국 겨울이 왔다고 해서 한꺼번에 모든 잎을 떨어뜨리지 않기 때문에 상록수는 항상 푸르게 보이는 것이랍니다.

소나무와 잣나무

상록수 가운데 소나무와 잣나무는 잎이나 전체적인 생김새가 너무 닮아서 구별하기가 어려워요. 특히 멀리서 보면 더 아리송하지요. 씨앗을 보기 전까지는 저것이 어떤 나무인지 잘 모를 때가 많아요.

하지만, 조금 더 가까이 가보면 왜 내가 착각했던가 싶어요. 특히 잎이 달린 모양을 보면 아주 쉽게 구별할 수 있지요. 소나무의 잎은 두 개씩 무리지어 있고, 잣나무는 다섯 개씩 무리지어 달렸답니다. 소나무는 두 개, 잣나무는 다섯 개! 어때요? 하나도 안 어렵지요? 물론 씨앗은 정말 다르게 생겼기 때문에 헷갈리지 않아요. 특히 잣나무의 씨앗인 잣은 고소한 맛의 대명사랍니다.

1. 소나무 잎 2. 소나무 씨앗 3. 잣나무 잎 4. 잣나무 씨앗

11

콩은 잎을
뜯어 줄수록
더 많이 열린다?

　'콩은 소가 잎을 뜯어먹은 곳이 더 잘 된다.'라는 말이 있어요. 소가 잎을 뜯어먹었는데 어떻게 콩이 더 많이 열릴 수 있는 걸까요? 잎이 더 많을수록 광합성으로 만들어지는 양분이 많아서 더 많은 콩이 열릴 수 있을 텐데 말이에요.

　이것은 소가 잎을 뜯어먹는 것이 '순 자르기'와 똑같은 효과를 나타내기 때문이에요. '순 자르기'는 위로만 자라는 식물의 줄기 윗부분을 잘라 주는 기술을 말해요. 줄기 하나를 잘라 주면 그 옆으로 여러 개의 줄기가 생겨나요. 줄기가 하나에서 여러 개로 늘어나니 당연히 꽃이 필 수 있는 곳이 더 늘어나서 더 많은 꽃이 피고 열매도 많이 열리겠지요? 그래서 소가 콩잎을 뜯어먹을 때 줄기 윗부분까지 함께 먹으니, 줄기가 많이 생기고 콩이 더 많이 열린답니다.

　그렇다면 어떻게 해서 잘린 줄기의 옆으로 여러 개의 줄기가 나오

잘라진 가운데 줄기 옆으로 뻗어 나온 가지들

는 걸까요? 해답은 '옥신'이 가지고 있어요. 옥신은 식물 호르몬으로 줄기나 뿌리 끝에 있으면서 그 끝을 쭉쭉 자라게 해요. 이때 옥신은 그 줄기만 위로 자라도록 하고, 다른 줄기는 자라지 못하도록 막고 있어요. 옥신 때문에 대체로 식물이 한 방향으로만 자라고 옆으로는 거의 자라지 않지요. 그런데 줄기의 끝부분을 잘라 주게 되면 옥신도 사라지고 옥신 때문에 자라지 못하던 여러 개의 줄기가 그 주위에 자라게 됩니다. 옆으로 풍성하게 자라는 나무를 얻기 위해서 가운데에 있는 가장 큰 줄기를 잘라 주는 것 또한 이런 원리를 이용한 것이지요.

12

먹으면 안 되는 잎을 가진 식물은 누구일까?

　배추나 시금치, 상추, 참취, 쑥, 머위, 박하 등 잎을 먹을 수 있는 식물은 아주 많아요. 하지만, 모든 식물의 잎을 먹을 수 있는 것은 아니에요. 독을 가지고 있어서 먹었을 때 중독, 설사를 일으키거나 생명이 위험해질 수도 있는 식물의 잎도 있거든요.

　독이 있는 식물은 대부분 뿌리나 씨앗에 독을 가지고 있어요. 그러나 가끔 잎에도 독이 있어서 먹으면 안 되는 식물도 있지요. 예를 들어 우리나라 어디서나 흔히 볼 수 있는 애기똥풀은 잎을 먹으면 안 돼요. 애기똥풀은 줄기를 꺾으면 노란 물이 나오는데, 그 빛깔이 아기 똥과 비슷하다고 해서 붙은 이름이지요. 그런데 애기똥풀의 노란 물에는 사람에게 해로운 물질이 들어 있어서 먹으면 안 돼요. 또한 산 속에서 만날 수 있는 미치광이풀이나 앉은부채, 천남성, 동의나물 등도 독을 가진 식물이기 때문에 함부로 먹어서는 안 돼요. 특

1. 애기똥풀 2. 미치광이풀
3. 동의나물 4. 천남성 5. 쐐기풀

히 동의나물은 이름에 '나물'이라는 말이 붙어서 얼핏 생각하면 먹어도 될 것 같지만, 절대 먹으면 안 되는 위험한 독풀입니다. 하지만, 식물의 독이 나쁜 것만은 아니에요. 식물이 가지고 있는 독을 많이 먹으면 몸에 나쁘지만, 적당한 양을 알맞게 사용하면 나쁜 병을 고치는 약이 된답니다.

참! 아예 만지면 안 되는 잎을 가진 식물도 있어요. 쐐기풀의 잎에는 날카로운 가시가 있는데 그 속에는 '포름산'이 들어 있어서 찔리면 쐐기벌레한테 쏘인 것처럼 아파요. 그래서 이름도 쐐기풀이지요.

13

꽃은 왜 암술과 수술이 있는 걸까?

　꽃은 씨앗을 만들어 내요. 그리고 그 씨앗은 식물이 자손을 남겨 이 세상에서 사라지지 않고 계속 살아갈 수 있게 해 주지요. 그래서 꽃은 식물에게 정말 중요한 것이에요. 그럼 꽃은 어떻게 이루어져 있으며, 씨앗은 어디에서 만들어지는 걸까요?

　일반적으로 꽃은 꽃잎, 꽃받침, 암술, 수술의 네 가지로 이루어져 있어요. 이 가운데 씨앗을 만들어 내는 것은 암술과 수술이랍니다.

　암술은 암술머리와 암술대, 씨방의 3부분으로 되어 있고, 씨방에는 나중에 씨앗이 될 밑씨가 들어 있어요. 그리고 수술은 꽃밥과 수술대로 이루어져 있는데, 이 꽃밥에서 꽃가루가 만들어져요. 꽃가루는 암술의 머리에 닿으면 암술대를 따라 씨방으로 내려가서 그 안에 있는 밑씨와 만나요. 꽃가루와 밑씨가 만나서 씨앗으로 자라고 씨방은 커져 열매가 된답니다.

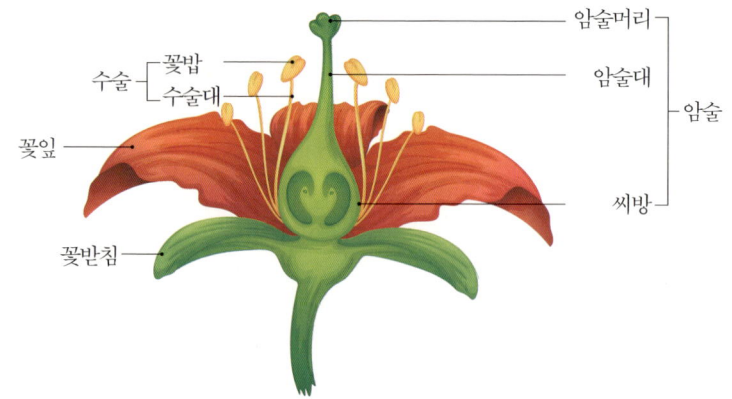

꽃의 구조

물론 암술과 수술이 씨앗을 만들 때 꽃잎과 꽃받침이 필요 없는 것은 아니에요. 꽃잎과 꽃받침은 암술과 수술을 감싸고 보호해 주는 역할을 해요. 또 꽃가루를 암술머리에 닿게 하기 위해 화려한 색깔로 곤충을 불러들이는 중요한 역할을 하지요.

꽃잎의 모양은 식물에 따라 참 다양해요. 진달래, 초롱꽃, 도라지, 나팔꽃같이 꽃잎이 모두 붙어 있기도 하고, 벚꽃, 장미, 복숭아같이 꽃잎이 서로 떨어져 있기도 하지요. 꽃잎이 모두 붙어 있어서 통을

금강초롱꽃(통꽃)

벚꽃(갈래꽃)

이루고 있는 꽃을 '통꽃'이라고 하고, 꽃잎이 서로 떨어져 있는 꽃을 '갈래꽃'이라고 해요.

하지만 모든 꽃이 꽃잎, 꽃받침, 암술, 수술을 다 가지고 있는 것은 아니에요. 이 네 가지를 모두 가지고 있으면 '갖춘꽃'이라고 하고, 네 가지 가운데 하나라도 갖추지 못했을 때는 '안갖춘꽃'이라고 해요. 또한, 암술과 수술이 한 꽃에 모두 있는 경우 '양성화'라고 하고, 암술이나 수술 하나만 있는 꽃을 '단성화'라고 해요. 특히 단성화 중에서 암술만 있는 꽃은 '암꽃', 수꽃만 있는 꽃은 '수꽃'이라고 해요. 봄에 피는 큰개별꽃은 꽃잎, 꽃받침, 암술, 수술이 모두 있어서 갖춘꽃이면서 양

1. 갖춘꽃(양성화) 2. 안갖춘꽃(단성화-암꽃)
3. 안갖춘꽃(단성화-수꽃)

성화예요. 하지만 오이의 꽃은 암꽃과 수꽃이 각각 따로 피기 때문에 안갖춘꽃이면서 단성화랍니다.

암술머리

수술에 있는 꽃가루가 암술의 머리에 닿는 것을 '꽃가루받이'라고 해요. 꽃가루받이는 씨앗을 만드는 첫 단계이기 때문에 식물에게 아주 중요한 일이지요. 그래서 식물은 꽃가루받이가 잘되도록 암술머리에 특별한 장치를 해 놓았어요. 꽃가루가 암술머리에 쉽게 붙을 뿐만 아니라 한번 붙은 꽃가루가 잘 떨어지지 않게 말이지요.

그 장치는 바로 암술머리를 끈적끈적한 물질로 덮거나 암술머리 표면에 오톨도톨한 돌기를 만들어 두는 것이에요. 그래서 꽃가루가 쉽게 붙고 잘 떨어지지 않아요.

또 어떤 암술머리는 기둥 모양에 짧은 털이 많이 나 있는데, 이 깃털 같은 털 덕분에 바람을 타고 날아온 꽃가루가 쉽게 붙을 수 있답니다.

1. 후쿠시아꽃의 암술머리(끈적한 물질로 덮여 있다.)
2. 기장대풀의 암술머리(암술머리가 털로 되어 있다.)

14

밑씨가 씨방 없이 밖으로 나와 있는 식물도 있다?

　씨앗으로 번식하는 식물은 크게 두 종류로 나눌 수 있어요. 하나는 씨앗이 씨방 안에 들어 있는 속씨식물이고, 또 다른 하나는 씨방이 없어서 씨앗이 밖으로 나와 있는 겉씨식물이랍니다. 속씨식물의 씨방은 밑씨를 보호하고 있다가 밑씨가 씨앗으로 자라면 그 씨앗을 감싸는 열매로 변해요. 그러니 씨앗이 안에 든 열매가 열리는 사과나무, 복숭아나무, 감나무, 수박, 참외 등은 속씨식물인 것이지요.

　반면에 겉씨식물은 씨방이 없기 때문에 밑씨가 밖으로 드러나 있어요. 이렇게 밖으로 나와 있던 밑씨는 자기를 보호해 주는 씨방 없이 그대로 자라서 씨앗이 되지요. 이런 겉씨식물에는 소나무와 잣나무, 삼나무, 소철, 주목, 은행나무 등이 있어요.

　속씨식물과 달리 겉씨식물의 꽃 역할을 하는 것은 사실 꽃이라고 부르지 않아요. 꽃이라기에는 꽃잎도 꽃받침도 없거든요. 꽃과 씨방

(열매)은 속씨식물만 가지고 있는 것이라서 겉씨식물의 경우에는 꽃과 열매라는 말을 쓰지 않아요. 대신 장차 씨가 될 밑씨가 들어 있는 기관을 밑씨솔방울이라고 하고, 꽃가루가 들어 있는 기관을 꽃가루솔방울이라고 하지요.

겉씨식물은 곤충을 유혹하는 꽃잎이 없기 때문에 꽃가루받이를 해 주는 곤충을 불러들이지 못해요. 그래도 씨앗을 만들어 내는 데는 걱정이 없어요. 수꽃에 있는 꽃가루를 암꽃에 있는 밑씨에 닿게 해 주는 고마운 존재인 바람이 있거든요.

우리가 흔히 보는 소나무에 달린 씨앗솔방울이 바로 밑씨솔방울에 있던 밑씨들이 바람이 해 주는 꽃가루받이를 통해 씨앗으로 자라서 달린 것이에요. 씨앗이 다 자라서 엄마를 떠날 때가 되면 씨앗을 덮고 있던 비늘이 벌어지면서 씨앗이 멀리 날아간답니다.

1. 소나무 밑씨솔방울 2. 소나무 꽃가루솔방울 3. 씨앗솔방울(비늘이 벌어지면서 나온 씨앗)

은행나무

고생대 석탄기인 3억 2천만 년 전에 처음으로 겉씨식물이 지구에 출현했어요. 그 후 고생대 페름기에 다양한 겉씨식물이 등장했고 그때 나타난 겉씨식물 중 하나는 지금까지 거의 똑같은 모습으로 살아가고 있지요. 그 식물은 바로 은행나무예요.

지구에 등장했던 다양한 은행나무류는 모두 멸종되고 지금은 우리가 주변에서 보는 은행나무 한 종만이 살아남았어요. 특히 이 은행나무는 중생대에 큰 숲을 이루며 공룡과 함께 살았답니다. 그래서 은행나무를 '살아 있는 화석'이라고 불러요.

은행나무는 겉씨식물이라 씨방이 없는데도 씨앗을 보면 마치 씨방

1. 은행나무 암꽃 2. 은행나무 수꽃 3·4. 은행나무 씨앗

처럼 씨앗을 감싸고 있는 것이 보여요. 씨앗이 다 익으면 아주 지독한 냄새를 풍기는 주황색의 그것이요. 그래서 은행나무를 속씨식물이라고 잘못 생각하기도 해요. 하지만 씨방처럼 보이는 그것은 은행나무 씨앗의 껍데기예요. 이 껍데기 때문에 은행나무를 싫어하는 친구들도 많지요.

하지만 은행나무가 번성했던 그 옛날에는 이 껍데기의 냄새를 좋아해서 맛있게 먹고 씨앗을 퍼뜨려 주는 은행나무의 짝꿍이 있었을 거예요. 은행나무가 오래 살아오는 동안 그 짝꿍은 멸종되어 지금은 은행나무만 외로이 살아가고 있는 것이지요. 그래서 은행나무는 스스로 번식하지 못하고 사람이 키워서 심어 주어야 자라는 것이랍니다. 외로운 은행나무에게 친구가 되어 주는 건 어떨까요?

15

꽃에 따라 꽃가루받이를 하는 이가 다르다?

 수술에 있는 꽃가루가 암술의 머리 위에 닿아 씨앗이 맺히도록 하는 것을 '꽃가루받이' 또는 '수분'이라고 해요. 씨앗을 만들어 자손을 번식시킬 수 있는 꽃가루받이는 식물에게 아주 중요한 일이라고 했던 것 기억하지요?

 신기하게도 식물은 꽃에 있는 암술에 가까이 있는 자신의 꽃가루가 닿는 것보다 멀리 있는 다른 꽃에 있는 꽃가루가 닿는 것을 더 좋아해요. 왜 식물은 가까운 곳에 있는 꽃가루를 두고 멀리 있는 꽃의 꽃가루를 받고 싶어 하는 걸까요? 멀리 있는 꽃가루를 불러 오는 일은 아주 힘들 텐데 말이에요.

 그 이유는 자신의 꽃가루로 씨앗을 만들면 자신과 똑같은 자손만 나오기 때문이에요. 하지만, 다른 꽃의 꽃가루로 씨앗을 만들면 유전적으로 더 다양한 자손을 얻을 수 있지요. 모두 똑같은 자손보다

꽃가루받이와 씨앗 맺기

암술머리에 닿은 꽃가루는 꽃가루관을 타고 내려간다.
밑씨와 꽃가루가 만나 씨앗으로 자란다.

는 여러 가지로 다양한 자손을 낳아야 환경이 변했을 때 조금이라도 더 많이 살아남을 수 있답니다.

그런데 식물은 움직일 수 없어요. 그러니 자신의 꽃가루를 멀리 다른 꽃으로 보낼 수도, 멀리 있는 다른 꽃의 꽃가루를 받을 수도 없지요.

그래서 식물에게는 꽃가루받이를 해 주는 도우미가 필요해요. 멀리 있는 꽃의 꽃가루를 가져다 줄 수 있는 친구 말이에요. 그래서 다양한 환경에 사는 식물들은 그 환경에 맞는 친구의 도움을 받아서 꽃가루받이를 해요. 예를 들어 곤충이나 새가 많은 곳에 사는 식물은 화려한 꽃잎과 달콤한 향기 그리고 꿀로 곤충과 새를 유혹해서 꽃가루받이를 하고요, 바람이 많이 부는 곳에 사는 식물은 바람이,

물속에 사는 식물은 물이 꽃가루받이를 해 준답니다. 특히 꽃가루받이를 해 주는 곤충과 새한테는 고마움의 표시로 꿀이나 쉼터를 제공해 주기도 해요.

지독한 냄새의 꽃

인도네시아의 열대우림에 살고 있는 '타이탄 아룸'은 세계에서 가장 큰 꽃이에요. 키가 3미터나 되는 이 꽃은 고기 썩는 냄새가 나는데 그 냄새가 얼마나 지독한지 '시체꽃'이라는 별명이 붙었지 뭐예요.

사실 이 냄새는 딱정벌레나 파리를 유혹하기 위한 것이에요. 썩은 고기를 좋아하는 딱정벌레와 파리가 이 냄새를 맡고 찾아와서 고기를 찾으려고 꽃 속을 이리저리 돌아다니다가 꽃가루받이를 하게 만드는 것이지요. 타이탄 아룸 꽃은 딱 이틀밖에 피어 있지 않아요. 그래서 최대한 빨리 많은 딱정벌레와 파리를 불러 모으기 위해 이렇게 지독한 냄새를

타이탄 아룸

내는 것이랍니다.

  어떤 화가는 타이탄 아룸을 그리려고 다가갔다가 냄새에 기절할 뻔 했다고 해요. 타이탄 아룸처럼 지독한 냄새가 나는 꽃으로는 1미터 정도 자라는 인도네시아 열대우림의 라플레시아 꽃이 있어요. 라플레시아는 한 송이의 꽃으로 봤을 때는 세계에서 가장 큰 꽃으로 불리기도 해요.

16

벌과 나비는
꿀을 먹고
꽃가루받이를 해 준다?

 활짝 핀 꽃 위에 벌과 나비가 날아들어 열심히 무언가를 하는 모습을 본 적이 있지요? 이들은 지금 꽃의 꿀을 먹고 있는 거예요. 그런데 벌과 나비는 꿀이 있는 걸 어떻게 알고 꽃을 찾아왔을까요? 신기하게도 벌과 나비는 멀리서 꽃이 부르는 소리를 듣고 왔어요. 바로 달콤한 꿀의 향기 말이에요.

 "자, 여기 아주 맛있는 꿀이 있어. 와서 한번 먹으렴."

 꽃의 달콤한 소리에 넘어간 벌과 나비는 꽃에 날아들어 신이 나게 꿀을 먹었어요. 벌은 새끼들에게 줄 영양가 많은 꽃가루도 두둑하게 챙겼고요. 이렇게 꽃 위에서 열심히 꿀을 먹는 동안 벌과 나비의 온몸에는 꽃가루가 잔뜩 묻어요. 꽃가루를 묻힌 채 벌과 나비는 자신을 부르는 또 다른 꽃을 찾아가 똑같이 해요. 그래서 벌과 나비의 몸에 묻은 꽃가루는 이 꽃에서 저 꽃으로 옮겨 다닐 수 있게 되고 결국

1. 꿀을 빠는 호랑나비 2. 꿀벌 3. 등에

서로 다른 꽃의 암술머리에 닿아 꽃가루받이가 이루어진답니다.

꽃은 꿀의 향기가 아닌 꽃잎에 있는 무늬로도 벌이나 나비를 불러오기도 해요. 참나리나 붓꽃의 꽃잎에 있는 무늬는 꿀점이라고 하는데 이 꿀점은 꿀이 있는 곳을 알려주는 신호예요.

색깔을 보지 못하는 벌은 대신 특별한 눈을 가지고 있어요. 마치 자외선 카메라로 보는 것처럼 세상을 보는 눈을 가지고 있지요. 벌의 눈과 같은 자외선 카메라를 통해서 보면 이 꿀점이 아주 뚜렷하게 보인다고 해요.

곤충은 후각과 시각이 뛰어나기 때문에 꽃은 꽃가루받이를 위해서 향기나 꽃잎의 색깔, 무늬로 곤충을 불러들인답니다.

이렇게 벌과 나비 같은 곤충이 꽃가루받이를 해 주는 식물을 충매화라고 해요. 무궁화나 진달래, 민들레, 장미, 호박 등의 충매화는 곤충을 유혹하기 위해 화려한 꽃잎이나 향기 또는 꿀샘, 꿀점을 가지고 있어요. 그리고 충매화는 꽃가루받이라는 큰 도움을 받는 대신

참나리의 꽃잎 무늬(꿀점)

곤충에게 맛있는 꿀이나 쉬어 갈 수 있는 장소를 주지요. 전 세계 꽃의 80퍼센트를 차지하는 충매화는 곤충과 더불어 사는 방법을 잘 알고 있답니다.

속임수의 달인 충매화

충매화 중에는 꽃가루받이를 도와주는 곤충에게 꿀을 선물하는 대신 얄미운 속임수를 쓰는 꽃도 있어요. 난초 중에 그런 꽃이 많지요. 난초는 꽃의 생김새나 색깔, 향기를 특정한 곤충처럼 만드는 속임수의 달인이에요.

꿀벌난초 ⓒshutterstock.com

예를 들어 꿀벌난초(*Ophrys apifera*)는 벌의 암컷과 생김새나 향기가 똑같은 꽃을 피워요. 그래서 수컷 벌이 이 꽃을 암컷인줄 알고 짝짓기를 하러 날아온답니다. 그리고 꽃잎에 몸을 비비는데 이때 꽃가루가 벌의 몸에 묻게 되지요. 아무것도 모르는 수컷 벌은 이 꽃 저 꽃 날아다니며 짝짓기를 한 줄 알지만 사실은 꿀벌난초의 속임수에 빠져 꽃가루받이를 해 준 것이랍니다.

17

새들은 어떻게 꽃가루받이를 도와줄까?

　새들도 벌이나 나비처럼 꽃가루받이를 잘 도와줘요. 새의 도움을 받아 꽃가루받이를 하는 꽃을 '조매화'라고 불러요. 조매화는 대체로 빨간색과 분홍색이 많아요. 새들의 눈은 빨간색과 분홍색을 유난히 잘 알아보기 때문이에요. 동박새가 꽃가루받이를 해 주는 동백꽃도 빨간색이지요.

　멀리서도 빨간색의 동백꽃을 단번에 찾은 동박새는 꽃 안에 있는 꿀을 먹기 위해 머리를 안으로 쑥 집어넣게 돼요. 그때 꽃에 있던 꽃가루가 동박새의 머리에 잔뜩 묻게 되지요. 동박새가 여러 동백꽃을 돌아다니면서 꿀을 먹기 때문에 동백꽃은 꽃가루받이에 성공하게 됩니다. 동백꽃은 겨울에 피기 때문에 추운 날씨에는 살 수 없는 벌이나 나비 대신 새가 꽃가루를 옮겨 줄 수 있도록 새가 좋아하는 빨간색의 꽃잎과 꿀을 만들었답니다.

1. 동백꽃의 꿀을 먹고 있는 동박새 2. 꽃가루를 묻힌 채 날아가는 동박새

    동박새뿐 아니라 눈으로 볼 수 없을 정도로 빠른 날갯짓을 하는 벌새도 꽃가루받이를 도와줘요. 벌새는 긴 부리로 꽃 안쪽에 있는 꿀을 빨아먹는데, 이때 동박새와 마찬가지로 꽃가루가 온몸에 묻게 돼요. 그리고 다른 꽃의 꿀을 먹으러 이리저리 다니며 꽃가루받이를 도와주지요.

    벌새는 빠른 날갯짓을 하기 위해서 매일 자신의 몸무게의 다섯 배나 되는 꿀을 먹어야 한다고 해요. 그래서 유난히 바쁘게 여러 꽃을 돌아다니나 봐요. 열대지방에 사는 파인애플이나 바나나, 선인장 등이 벌새와 같은 새의 도움을 받아 꽃가루받이를 한답니다.

밤에 이루어지는 꽃가루받이

대부분의 곤충이나 새가 잠이 드는 밤에 꽃을 피우는 식물도 있어요. 밤에 꽃이 피는 식물들은 밤에 활동하는 박쥐나 나방이 꽃가루받이를 해 줘요. 밤에 꽃가루받이를 하는 꽃은 잘 보이도록 꽃이 유난히 크고, 꽃잎의 색이 밝지요.

박쥐

또 깜깜한 밤에도 박쥐나 나방이 잘 찾아올 수 있도록 강한 향기를 가지고 있어요. 향기를 따라 꽃가루받이를 하러 박쥐와 나방이 날아온다니 멋지지 않나요? 어둠을 넘어 꽃가루받이를 해 줄 친구를 부르기에 향기는 아주 좋은 도구예요. 그래서 밤에 피는 꽃들이 낮에 피는 꽃들보다 향기가 더 짙은 경우가 많답니다.

18

바람과 물이 꽃가루받이를 해 주는 식물도 있다?

봄이 되면 여기저기 날리는 꽃가루 때문에 재채기를 해 본 적이 있지요? 그것은 바로 바람의 도움으로 꽃가루받이가 되는 과정에서 꽃가루가 우리의 콧속으로 들어갔기 때문이에요. 풍매화의 꽃가루는 바람을 타고 다녀야 하기 때문에 놀라울 정도로 작고 가벼워요. 그래서 사람들의 콧속에도 쏙쏙 잘 들어가서 알레르기를 일으키기도 하지요.

그런데 이렇게 작고 가벼운 꽃가루가 밑씨를 만나지도 못하고 바람을 타고 아주 멀리 날아가 버리면 어쩌나 하는 생각이 들지 않나요? 바람은 어디서 어떻게 불지 모르는데 풍매화는 중요한 꽃가루받이를 왜 바람한테 맡겼을까요?

그 답은 꽃가루의 양에 있어요. 풍매화는 꽃가루를 아주 많이 만들어서 바람에 날리거든요. 꽃가루를 대량으로 만드는 데 온 에너지를 쓰는 대신 화려한 꽃잎이나 맛있는 꿀은 만들지 않기로 했어요. 그래서 풍매화는 충매화보다 꽃이 작고 꽃잎도 눈에 띄지 않거나 아예 없을 뿐만 아니라 향기와 꿀샘도 없답니다.

우리가 흔히 보는 플라타너스가 대표적인 풍매화예요. 플라타너스 꽃은 꽃잎이나 꿀샘이 없지요. 대신 꽃가루가 아주 가벼워서 바람을 타고 암꽃에 닿아 꽃가루받이가 이루어져요. 플라타너스 말고도 버드나무, 자작나무, 밤나무, 벼, 강아지풀, 옥수수 등이 풍매화예요. 또 겉씨식물인 소나무도 바람을 이용해서 꽃가루받이를 해요. 소나무의 꽃가루

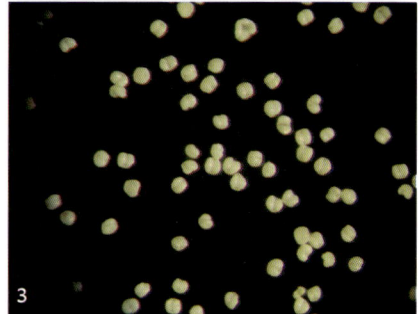

1. 플라타너스 암꽃과 수꽃 2. 소나무(꽃가루 날리는 모습) 3. 공기주머니를 달고 있는 꽃가루

는 바람을 타고 멀리까지 날아갈 수 있도록 양쪽에 공기주머니를 달고 있어요. 전체 식물의 20퍼센트 정도가 이렇게 바람이 꽃가루받이를 해 주는 풍매화 식물이에요.

충매화나 풍매화를 제외한 몇몇 식물은 물이 꽃가루받이를 해 주기도 해요. 이런 식물의 꽃을 수매화라고 합니다. 물속에 사는 나사

수매화(검정말)

말, 검정말, 붕어마름, 개구리밥 등이 수매화예요. 대체로 수매화는 암꽃과 수꽃이 따로 피어요. 그래서 수꽃에 있던 꽃가루가 물에 둥둥 뜨거나 물속으로 가라앉아서 암꽃을 만나 꽃가루받이가 이루어지지요. 수매화도 화려한 꽃잎이나 꿀샘이 없어요. 대신 아주 많은 양의 꽃가루를 내보내서 물속에서도 꽃가루받이가 일어날 수 있도록 한답니다.

19

해바라기는 가장 큰 꽃이다?

우리가 흔히 볼 수 있는 꽃 중에서 한 송이가 제일 큰 꽃은 무엇인가요? 아마도 해바라기를 생각하는 친구들이 많을 거예요.

하지만 우리가 보는 해바라기 꽃은 한 송이가 아니에요. 작은 꽃 수백 송이가 모여서 하나의 꽃다발을 이루고 있는 것이지요. 못 믿겠다구요? 그렇다면 한번 해바라기 꽃을 자세히 살펴 보세요. 꽃 안쪽에는 통으로 된 작은 꽃이 촘촘하게 박혀 있고 그 둘레를 노란색 꽃들이 둘러싸고 있는 것이 보이나요? 해바라기 꽃은 이렇게 두 종류의 작은 꽃들이 빽빽하게 박혀 있는 꽃다발인 셈이에요.

먼저 안쪽에 있는 꽃은 꽃잎이 통으로 되어 있는 '통꽃'이에요. 하나의 통꽃 안에는 암술과 수술이 들어 있어서 나중에 우리가 먹는 해바라기 씨앗 한 개가 됩니다. 그리고 통꽃들을 둘러싸고 있는 혀 모양의 노란색 '혀꽃'은 암술이 없기 때문에 씨앗을 맺지는 못해요.

활짝 핀 해바라기

그럼 씨앗도 맺지 못하는 혀꽃은 왜 피어 있는 걸까요?

해바라기는 원래 안쪽의 작은 통꽃들로만 되어 있었어요. 이 통꽃들은 암술과 수술이 있어서 씨를 맺는 데 전혀 문제가 없었어요. 다만 아쉬운 점은 꽃이 너무 작아서 꽃가루받이를 도와줄 벌과 나비를 유혹할 수 없다는 것이었지요. 그래서 고민 끝에 둘레에 있는 꽃들은 씨를 맺는 역할을 포기하고, 대신 자신의 꽃잎을 길게 늘려서 곤충을 불러들이는 일을 하기로 했어요. 해바라기 꽃에 노란색 '꽃잎'이 등장하기 시작한 것이지요. 바깥쪽에 피는 화려한 꽃들 덕분에 해바라기는 벌과 나비를 불러들일 수 있었고, 그 결과 안쪽의 작은 통꽃들이 무사히 씨앗을 낼 수 있었답니다.

1. 해바라기꽃 단면   2. 통꽃과 혀꽃

19. 해바라기는 가장 큰 꽃이다?

20

국화꽃처럼 먹어도 되는 꽃은 무엇이 있을까?

　가을에 핀 국화는 보는 것만으로도 우리를 즐겁게 해 주지만, 꽃을 따서 잘 말린 후 향긋한 차로 즐길 수도 있어요. 색깔도 예쁜 국화차는 머리와 눈을 맑게 해 준다고 해요. 국화꽃처럼 먹어도 되는 꽃 중에 예로부터 알려진 꽃은 봄에 분홍색으로 피는 진달래가 있어요. 진달래는 그냥 먹기도 하고 전으로 부쳐 먹기도 하지요.

　또 우리가 즐겨 먹는 꽃 중에는 꽃이 피기 전에 봉오리를 먹는 꽃인 브로콜리가 있어요. 지금껏 먹었던 브로콜리가 꽃봉오리라니 깜짝 놀랐지요? 신기하기까지 한 브로콜리에는 우리 몸에 좋은 영양소가 가득 들어 있다고 하니 열심히 먹어야겠어요.

　그리고 요즘에는 장미나 팬지, 한련화, 제비꽃, 베고니아, 금어초 등의 꽃을 음식에 넣어 먹기도 해요. 이 꽃들은 보기에 아름답기도 하고 향기도 나며 맛도 좋아서 요리에 훌륭한 재료가 되지만 지금부

1. 국화 2. 진달래 3. 브로콜리 4. 장미 5. 팬지 6. 한련화 7. 제비꽃 8. 베고니아 9. 금어초

터 소개하는 꽃들은 꽤 위험해요. 세상의 모든 꽃을 먹을 수 있는 것은 아니거든요. 독을 가지고 있어서 먹으면 몸이 마비된다거나 심하면 목숨까지 잃을 수 있는 위험한 꽃들도 있어요.

예를 들어 디기탈리스, 은방울꽃, 철쭉은 보기에는 참 아름다운 꽃이지만, 아름다움을 뛰어 넘는 강한 독을 가지고 있어서 먹으면 안 돼요.

특히나 철쭉은 진달래랑 닮아서 잘못 알고 먹을 수 있으니까 조심해야 해요. 두 눈을 크게 뜨고 잘 살펴보세요. 진달래랑 똑같이 생겼

1. 디기탈리스 2. 은방울꽃 3. 산철쭉

는데 꽃잎에 적갈색의 점이 여러 개 찍혀 있다면 그건 철쭉이에요. 철쭉은 애벌레로부터 자신을 지키기 위해서 강한 독을 가지고 있다고 하니 먹지 않도록 주의하세요!

식물의 이름

식물의 이름은 그 식물의 생김새나 특징에 따라 붙여지곤 해요. 예를 들어 은방울꽃은 꽃의 모양이 하얀 방울처럼 생겼다고 해서 은방울꽃이라는 이름이 붙여졌어요.

할미꽃 열매　　　　별꽃

흔히 할미꽃은 아래로 굽어서 핀 꽃 모양이 마치 할머니의 모습과 닮았다고 해서 할미꽃이라는 이름이 붙여졌다고 생각하기 쉬워요.

그러나 실은 흰털로 덮인 열매가 할머니의 하얀 머리카락같이 보여서 붙여진 이름이지요. 이처럼 식물의 이름은 생김새와 많은 관련이 있어요. 강아지의 꼬리를 닮은 강아지풀이나 별 모양의 별꽃, 작은 잎 일곱 개가 모여 있는 칠엽수의 이름은 모두 식물의 생김새에 따라 붙여진 경우예요.

또 다른 나무에 뿌리를 내리고 물과 양분을 얻어 겨우겨우 살아가는 겨우살이, 잎이나 가지에서 생강 냄새가 나는 생강나무, 나무껍질에서 향 냄새가 나는 향나무, 꽃이 오랫동안 피는 무궁화의 이름은 식물이 가진 특성에 따라 붙여진 것이랍니다.

21

꽃이 피지 않는 식물도 있다?

고사리 꽃을 본 적이 있나요? 무궁화나 장미꽃은 쉽게 떠오르는데, 고사리의 꽃은 도통 생각이 나지 않지요? 아무리 생각해 봐도 초록색 잎이나 식탁에 올라온 고사리나물만 떠오를 거예요.

이상하지요? 왜 꽃이 금방 떠오르지 않는 걸까요? 고사리도 식물

미역고사리 포자

이 맞는데 왜 꽃은 본 적이 없을까요?

 그도 당연한 것이 고사리는 꽃이 없답니다. 꽃이 피지 않으니 아무리 생각해도 떠오르지 않을 수밖에요. 고사리는 꽃이 없으니 꽃가루받이를 할 일도 없고, 당연히 씨앗도 없어요. 그렇다면 과연 고사리는 무엇으로 번식할까요?

 고사리의 잎 뒷면에는 아주 작은 알갱이가 붙어 있어요. 이 알갱이는 포자 주머니라고 하는데, 안에 포자가 잔뜩 들어 있지요. 고사리는 바로 이 포자로 번식을 한답니다. 포자는 홀씨라고도 하는데, 씨앗보다 훨씬 작고 단순하게 생겼어요. 포자 주머니가 터지면서 포자는 밖으로 나와서 물이 많고 온도가 높은 곳에 닿으면 자라나요.

 고사리처럼 쇠뜨기, 솔이끼, 우산이끼 등도 포자로 번식해요. 이렇게 꽃이 피지 않고 포자로 번식하는 식물을 '민꽃식물' 또는 '포자식물'이라고 부르지요.

 반대로 포자가 아닌 씨앗으로 번식하는 식물을 '종자(씨앗)식물'이라고 한답니다.

쇠뜨기(잎이 달린 줄기와 포자가 달린 줄기)

무화과나무

'무화과'라는 말은 '꽃이 없는 열매'라는 뜻이에요. 그렇다면 무화과나무는 꽃이 없는 민꽃식물이겠네요? 하지만 무화과나무는 꽃이 피어서 열매를 맺고 그 안에 씨앗이 들어 있는 꽃식물-종자식물이랍니다. 그러면 어떻게 그런 이름이 붙었냐고요?

무화과나무의 꽃은 숨어 있어서 잘 보이지 않아요. 꽃이 달린 부분이 항아리 모양으로 자라고, 항아리 모양 속에 꽃이 들어 있어요. 그래서 밖에서 봤을 때는 꽃이 보이지 않지요.

밖에서는 보이지도 않던 꽃에서 열매가 열리니까 사람들은 꽃이 없이 바로 열매가 열린다고 해서 무화과라는 이름을 붙였답니다.

2장

뿌리와 줄기

1

큰 나무의 뿌리는 나무키만큼 깊이 자란다?

　나무는 거센 비바람이 닥쳐와도 끄떡없어요. 아무리 열심히 밀어도 쉽게 움직이거나 뽑히지 않아요. 또한, 아슬아슬한 절벽 위에서도 꿋꿋하게 버틸 수 있지요. 나무가 어떤 상황에서도 쓰러지지 않는 것은 모두 튼튼한 뿌리 덕분이에요. 나무의 뿌리는 땅속에 깊이 박혀 있어서 나무가 꿋꿋하게 서 있도록 도와준답니다.

　뿌리는 덩치가 큰 식물일수록 더 깊고 더 넓게 뻗어 있어요. 덩치가 크면 클수록 쓰러지지 않으려면 많은 힘이 필요하니까요. 뿌리가 땅속에 뻗어 있는 모양은 식물마다 다르지만, 자라고 있는 흙의 상태에 따라 달라지기도 해요.

　뿌리는 흙 속의 산소로 숨을 쉬기 때문에 흙이 너무 단단하거나 진흙일 경우 숨을 쉬기가 어려워요. 그래서 이런 흙에 사는 식물은 부드러운 흙에 사는 식물보다 뿌리를 옆으로 넓게 펴서 최대한 땅

절벽 위에서 뿌리 힘으로 자라고 있는 나무

위의 공기가 잘 드나들 수 있도록 자란답니다.

세계에서 키가 가장 큰 나무, 가장 작은 나무

세계에서 키가 가장 큰 나무는 미국 캘리포니아 주 레드우드 국립공원의 아메리카삼나무라고 해요. 키가 무려 113미터에 나이는 600살이 넘었다고 하네요.

반대로 키가 아주 작아서 풀처럼 보이는 나무도 있어요. 세계에서 가장 키가 작은 나무이자 우리나라 제주도 한라산 꼭대기 부근에 매우 드물게 살고 있는 암매(돌매화나무)가 그 주인공이랍니다. 암매는 다 자라도 키가 10센티미터 정도로 작아요. 게다가 바위에 붙어서 누워 자라기 때문에 실제 키는 더 작아 보이지요. 암매는 세계적으로 희귀한 나무이자 우리나라에서는 현재 멸종위기 Ⅰ급 식물이에요. 기네스북에도 올라간 앙증맞은 암매가 멸종되지 않도록 우리가 지켜 줘야겠지요?

1. 아메리카삼나무 2. 암매(돌매화나무)

2

뿌리털이 없는
식물도 있다?

    식물을 쓰러지지 않게 지지해 주는 든든한 뿌리! 하지만, 뿌리의 역할은 그뿐만이 아니에요. 누구나 다 아는 것처럼 뿌리는 흙 속에 있는 물과 양분을 빨아들여서 줄기와 잎에 보내는 중요한 역할도 하지요.

    그러면 뿌리는 정확히 어느 부위로 땅속에 있는 물과 양분을 흡수할까요? 뿌리를 자세히 살펴보면 뿌리 끝부분에 나 있는 하얀 솜털을 찾을 수 있을 거예요. 이 솜털의 이름은 바로 뿌리털이에요. 식물은 이 뿌리털로 흙 속의 물과 양분을 빨아들인답니다. 뿌리가 흙속으로 뻗어나갈수록 뿌리털은 새로 돋아나서 물과 양분을 흡수하지요.

    뿌리털을 관찰해 본 친구들은 알겠지만, 뿌리털은 아주 짧고 가늘어요. 그래서 뿌리털이 그런 중요한 역할을 한다는 게 믿겨지지 않지요. 사실 뿌리털 한 가닥은 참 작고 약해 보여요. 하지만 뿌리 하나에 달린 뿌리털의 수는 엄청나게 많기 때문에 뿌리털 전체가 빨아들이는 물과 양분은 식물이 살아가기에 충분하답니다. 또 작은 뿌리털 여러 개가 굵은 뿌리 하나보다 물과 양분을 흡수하는 면적이 훨씬 넓기 때문에 식물은 뿌리털 만으로도 물과 양분을 실컷 마실 수 있는 것이지요.

촘촘한 뿌리털

그러면 물속에 살고 있는 식물은 어떨까요? 물속에 살고 있는 식물은 뿌리털이 거의 없어요. 사방에 물이 있기 때문에 굳이 뿌리털까지 만들어 물을 흡수할 필요가 없거든요.

또한 뿌리털이 많던 식물이라도 뿌리가 물속에 잠겨서 생활하게 되면 뿌리털의 수가 줄어든다고 해요. 힘들게 물을 빨아들이지 않아도 되니 뿌리털이 그다지 쓸모가 없거든요. 환경이 바뀌면 식물도 그 환경에 맞춰 살아가는 방법을 바꾸는 것이지요. 정말 대단하지 않나요?

흙 속의 양분

식물은 살아가는 데 필요한 양분을 스스로 만든다고 앞에서 이야기했죠? 그런데 흙 속의 양분은 왜 필요할까요? 식물이 잘 자라기 위해서는 흙 속의 양분도 필요하답니다.

흙 속의 양분은 무기물이라고 해서 질소나 인, 칼륨, 마그네슘, 철 등을 말해요. 식물이 만드는 양분 말고도 흙 속에 있는 양분을 흡수하면 식물은 더 튼튼하게 잘 자랄 수 있지요.

그래서 논이나 밭에는 식물이 잘 자랄 수 있도록 식물에게 가장 필요한 질소, 인 그리고 칼륨이 들어간 비료를 주기도 해요. 무기질이 풍부한 흙에서 자란 식물은 더욱 튼튼하고 열매도 크답니다.

3

뿌리는
아래쪽으로만 자란다?

 일반적인 식물의 뿌리는 땅 아래 방향으로 자라요. 그래야 땅속의 물과 무기물을 빨아들일 수 있으니까요. 뿌리가 정말 아래로만 자라는지 한번 실험해 볼까요? 준비물은 콩이랑 투명플라스틱 컵, 흙 또는 종이타월이에요. 실험방법은 투명플라스틱 컵에 흙이나 종이타월을 채우고 하룻밤 물에 불린 콩을 2~3센티미터 깊이로 심은 뒤 물을 주고 자라는 모습을 지켜보는 거예요. 이때 주의해야 할 점이 있는데, 그것은 콩에 있는 배꼽의 위치를 위, 아래, 왼쪽, 오른쪽 방향으로 두는 거예요. 콩의 배꼽이 있는 쪽에서 뿌리가 나오기 때문에 그 방향을 여러 가지로 놓아 두는 것이지요.

 콩이 들어 있는 컵을 따뜻한 곳에 놓아 두고 물이 마르면 물을 더 넣어 주세요. 2일 정도가 지나면 뿌리가 나와서 자라기 시작해요. 3일 정도 자라는 모습을 더 관찰해 보세요. 어떤가요? 뿌리는 어느 방

1. 콩 씨앗의 배꼽 2. 콩 심기 3. 배꼽의 방향과 상관없이 아래 방향으로 자라는 뿌리

향으로 자라지요? 배꼽의 방향이 위나 아래, 왼쪽, 오른쪽 그 어디로 되어 있건 뿌리는 아래 방향으로 자란답니다.

만약 아래로 자라고 있는 뿌리의 방향을 옆이나 위쪽으로 바꿔 놓더라도 2일 정도가 지나면 뿌리는 다시 아래로 자라고 있을 거예요. 결국 뿌리는 언제나 아래 방향, 즉 지구의 안쪽으로 자라지요.

이렇게 뿌리를 땅 아래 방향으로 자라게 하는 힘은 대체 무엇일까요? 그것은 물체를 지구 안쪽으로 잡아당기는 중력이라는 힘이에요. 뿌리는 어느 환경에서건 중력의 방향인 지구 안쪽, 즉 땅 아래 방향으로 자란답니다. 만약 뿌리가 중력의 힘을 무시하고 아무 방향이나 위로만 자란다면 땅에 있는 물과 양분을 얻기가 어려울 거예요. 뿌리가 중력의 힘 방향으로 자라는 것은 식물이 살기 위한 최고의 방법인 셈이에요.

공기뿌리

흙이 메마르고 비가 잘 오지 않는 곳에 사는 식물은 뿌리를 밖으로 뻗어 공기 중의 수분을 흡수해요. 반대로 땅에 물이 너무 많아서 뿌리가 물에 잠겨 숨을 쉴 수 없을 때에도 뿌리를 밖으로 뻗어 숨을 쉰답니다. 또 땅 속이 아닌 바위나 나무줄기에 뿌리를 뻗어 달라붙어 살기도 해요. 이렇게 흙 속이 아닌 공기 중으로 뻗어 나온 뿌리를 '공기뿌리'라고 해요. 뉴질랜드에 사는 '메트로시데로스'라는 나무는 줄기에서 밖으로 뻗는 공기뿌리를 가졌어요. 물이 부족한 곳에 사는 이 식물은 뿌리를 밖으로 뻗어 공기 중의 수분을 흡수한답니다.

메트로시데로스의 공기뿌리

4
담쟁이덩굴은 뿌리 덕분에 벽에 잘 달라붙는다?

담쟁이덩굴이 멋지게 둘러쳐진 건물은 멋있으면서도 신기해요. '저렇게 연약하게 보이는 담쟁이덩굴이 어떻게 저런 높은 벽을 타고 올라갈 수 있었을까?' 하는 생각이 저절로 들거든요.

더구나 담쟁이덩굴을 벽에서 떼어 내려고 해봐도 쉽게 떨어지지도 않아요. 마치 줄기에 끈끈이라도 붙어 있는 것처럼 말이에요.

어쩜 그렇게 튼튼하게 붙어 있는지 담쟁이덩굴의 줄기를 들여다볼까요? 아니! 줄기에서 짧은 것들이 돋아 나와서 벽에 착 달라붙어 있네요! 마치 문어 다리에 있는 흡반처럼 생긴 것들이 담쟁이덩굴을 벽에 착 달라붙게 해 주고 있어요. 대체 이것은 무엇일까요? 놀랍게도 흡반처럼 생긴 이것은 담쟁이덩굴의 뿌리랍니다.

담쟁이덩굴 뿌리는 줄기에서 나와 벽에 달라붙어 있어요. 벽에 착 달라붙는 뿌리 덕분에 담쟁이덩굴은 아무리 높은 벽도 쉽게 올라갈

1. 담쟁이덩굴 2. 담쟁이덩굴 뿌리 3. 송악 4. 송악 뿌리

수 있지요. 높은 벽을 타고 척척 뻗어나가는 모습은 감탄 그 자체요. 스파이더맨 따위는 부럽지도 않을 정도랍니다.

이처럼 다른 것에 달라붙기 위해 줄기의 군데군데에서 나오는 뿌리를 부착뿌리라고 해요. 다른 나무를 타고 올라가 사는 송악도 부착뿌리를 가지고 있답니다. 부착뿌리는 줄기에 힘이 없어서 혼자서는 똑바로 서지 못하는 식물들에게 꼭 필요한 강력접착제예요.

5

개구리밥 뿌리는
균형 잡기의
고수이다?

　개구리밥은 출렁거리는 물 위에 떠 있는데도 좀처럼 뒤집히지 않아요. 비가 오고 바람이 많이 부는 날에도 균형을 잘 잡으면서 물 위에 떠 있지요. 개구리밥이 물 위에 잘 떠서 살아갈 수 있는 것은 개구리밥 뿌리가 균형 잡기의 고수이기 때문이에요. 개구리밥 뿌리는 물속에 녹아 있는 양분을 흡수할 뿐 아니라 식물이 뒤집히지 않도록 균형을 잡는 역할도 하지요.
　개구리밥처럼 부레옥잠도 물 위에 떠서 생활을 해요. 그래서 부레옥잠의 뿌리도 부레옥잠이 뒤집히지 않고 물에 잘 떠 있을 수 있도록 균형을 잡고 있지요.
　하지만 개구리밥보다 훨씬 덩치가 큰 부레옥잠은 뿌리 말고도 물 위의 생활을 도와줄 수 있는 것을 하나 더 가지고 있어요. 그것은 바로 물 위에 쉽게 뜰 수 있도록 공기를 가득 넣은 잎자루랍니다. 부레옥잠은 공기가 들어 있는 잎자루 덕분에 물 위에 떠서 잘 살아갈 수 있어요.

이렇게 물 위에 떠서 사는 식물들은 대부분 줄기보다 뿌리와 잎이 잘 발달해 있어요. 물이 출렁거릴 때 균형을 잡을 수 있는 뿌리와 물에 잘 뜰 수 있는 넓고 가벼운 잎이야 말로 물 위 생활에 꼭 필요한 것들이지요.

그런데 개구리밥이나 부레옥잠이 흙에 뿌리를 내리지 않고 물 위에 떠서 살아가는 이유는 무엇일까요? 아차 하다가는 환경이 나쁜 곳으로 떠내려갈지도 모르는데 말이에요. 하지만 개구리밥과 부레옥잠은 오히려 어디든지 떠내려갈 수 있는 물 위에서 살아가야 해요. 왜냐고요? 그것은 개구리밥이나 부레옥잠의 성장 속도가 너무 빠르기 때문이에요. 만약 한 곳에서 뿌리를 내리고 살게 된다면 얼마 지나지 않아 그곳은 너무 비좁아져서 모두 살 수가 없게 될 거예요. 생활공간이나 양분, 산소가 모두 부족해질 테니까요. 그래서 너무 잘 자라는 개구리밥과 부레옥잠은 물이 흐르는 대로 여기저기 서로 흩어져 살아야 한답니다.

1. 좀개구리밥 2. 부레옥잠 3. 부레옥잠 잎자루 단면

모든 뿌리는
먹을 수 있다?

    뿌리는 광합성으로 만들어진 양분을 저장해 두는 창고 역할도 해요. 우리가 쉽게 만날 수 있는 당근, 고구마, 무, 인삼, 도라지, 더덕, 우엉, 칡 등이 대표적인 저장뿌리예요. 저장뿌리는 양분이 모여 있어서 모두 굵고 통통한 모습이지요.

    뿌리에 저장된 양분은 나중에 식물이 필요할 때 사용하기도 하고 추운 겨울을 땅속에서 보낼 수 있게 해 줘요. 하지만, 우리에게는 맛있고 건강에 좋은 먹을거리가 된답니다.

    주황색의 당근에는 베타카로틴이 많이 들어 있어서 먹으면 우리의 눈을 보호해 준다고 해요. 또 고구마는 맛있기도 하지만 몸에 좋은 식이섬유나 비타민 등이 들어 있어서 건강에도 좋아요.

    세계적으로 유명한 우리나라의 인삼도 몸을 건강하게 해 주는 물질을 많이 가지고 있기 때문에 건강식품으로 그만이지요.

1. 무 2. 우엉 3. 박새 4. 삿갓나물

　계속 먹는 이야기만 하니까 마치 모든 저장뿌리는 맛있고 몸에 좋은 것처럼 들려요. 하지만 뿌리 가운데는 독이 있어서 먹으면 절대로 안 되는 뿌리도 있어요.

　예를 들어 투구꽃이나 천남성, 박새, 자리공, 삿갓나물, 동의나물 등의 뿌리에는 독이 있기 때문에 조심해야 해요. 물론 독이 있는 뿌리들도 적당한 방법으로 잘 사용한다면 약이 될 수도 있어요. 그러나 함부로 먹었다가는 생명이 위태로울 수도 있으니 아예 손을 대지 않는 편이 좋겠지요?

사약

"어명이오, 죄인은 사약을 받으라."

조선시대에 선비나 지위가 높은 사람이 죄를 지었을 때 임금이 내렸다는 사약! 대체 무엇으로 만들었길래 마시면 죽게 되는 걸까요?

사약의 재료는 놀랍게도 우리가 산에서 쉽게 만날 수 있는 식물이에요. 바로 투구꽃과 천남성이 사약의 주재료이지요. 투구꽃의 뿌리와 빨갛게 익은 천남성의 열매를 잘 달이면 사약이 만들어진답니다.

독성이 강한 투구꽃의 뿌리는 찧어서 화살촉에 발라 동물 사냥에 이용하기도 했대요. 로마병정들이 썼던 투구를 닮은 예쁜 꽃을 피우는 투구꽃이 이렇게 무시무시한 식물이라니 놀랍지요. 이제 산에서 투구꽃을 만나면 함부로 먹지 마세요!

1. 투구꽃 2. 투구꽃 뿌리 3. 천남성 열매

7

콩의 뿌리에는 질소를 가져다주는 친구가 있다?

지구를 둘러싼 공기의 80퍼센트를 차지하는 질소는 식물에게 꼭 필요한 것이에요. 질소가 있어야 단백질과 엽록소, 호르몬 등을 만들 수 있거든요. 그런데 아쉽게도 땅속에 있는 질소는 공기 중과 비교했을 때 식물이 사용하기에 턱없이 부족해요.

그래서 식물은 공기 중에 풍부한 질소를 끌어와 사용하고 싶어 하지요. 하지만 공기 중의 질소는 너무 단단하게 뭉쳐 있어서 식물의 힘으로 질소를 하나씩 떼어 내어 사용하는 건 무리예요. 공기 중의 질소를 끌어올 수만 있다면 식물은 더 튼튼하게 자랄 수 있을 텐데 참 안타깝지요.

하지만, 콩에게는 이러한 안타까움이 어울리지 않아요. 콩은 공기 중의 질소를 힘도 안 들이고 편하게 사용할 수 있거든요. 바로 뿌리에 있는 뿌리혹박테리아 덕분이지요.

콩의 뿌리혹

　콩을 비롯한 콩과 식물의 뿌리에는 좁쌀보다 큰 혹이 여러 개 달려 있어요. 그리고 이 혹 속에는 콩의 친구인 뿌리혹박테리아가 살고 있답니다.

　뿌리혹박테리아는 공기 중에 있는 단단한 질소를 끌어와서 하나씩 떼어 콩이 흡수할 수 있게 만들어 줘요. 그러면 콩은 뿌리혹박테리아가 떼어 준 질소를 가지고 단백질이 풍부한 열매를 만들어 내지요. 결국 콩은 뿌리혹박테리아 덕분에 '밭에서 나는 소고기'라는 멋진 별명을 갖게 되었어요. 꼼꼼히 따져보면 볼수록 콩에게 뿌리혹박테리아는 참 고마운 친구랍니다.

　그렇다고 콩이 뿌리혹박테리아의 도움만 받는 것은 아니에요. 콩은 뿌리에 자리를 만들어 뿌리혹박테리아가 살아갈 수 있는 공간을 제공해 주고, 광합성으로 만든 양분도 함께 나눠 먹는답니다. 이렇게 콩과 뿌리혹박테리아는 서로의 부족한 점을 채워 주며 돕고 사는 절친한 친구 사이지요.

8

잎맥이 나란한 식물은 수염뿌리를 가지고 있다?

 꽃을 피우는 속씨식물의 뿌리는 곧은뿌리와 수염뿌리로 나눌 수 있어요. 민들레나 봉선화, 명아주, 더덕, 무, 강낭콩, 당근 등에서 볼 수 있는 곧은뿌리는 중심이 되는 굵은 원뿌리와 가는 곁뿌리로 되어 있는 뿌리를 말해요. 반면에 수염뿌리는 벼나 강아지풀, 파, 양파, 옥수수, 대나무, 잔디 등에서 볼 수 있는 뿌리로 중심이 되는 뿌리가 없이 굵기가 비슷한 여러 개의 뿌리가 수염처럼 나 있는 뿌리지요.

 또한 잎에 있는 잎맥도 크게 그물맥과 나란히맥으로 나눌 수 있어요. 그물맥은 여러 갈래로 퍼져 있는 그물 모양의 잎맥을 말해요. 그리고 나란히맥은 잎맥이 서로 얽히지 않고 나란히 뻗어 있는 잎맥을 말하지요.

 그런데 뿌리와 잎맥 사이에는 아주 특별한 관련이 있어요. 곧은뿌리를 가진 식물의 잎맥은 모두 그물맥이고, 수염뿌리를 가진 식물의 잎맥은 모두 나란히맥이라는 것이지요.

 이 말대로라면 앞에 얘기한 민들레나 봉선화, 명아주, 더덕, 무, 강낭콩, 당근은 곧은뿌리를 가지고 있으니, 이 식물들의 잎맥은 그물맥이 되겠지요. 또 벼나 강아지풀, 파, 양파, 옥수수, 대나무, 잔디는 수염뿌리를 가지고 있으니, 잎맥은 보나마나 나란히맥일 거예요. 어때요? 정말 신기하지 않나요?

 과학자들은 뿌리와 잎맥 사이의 이러한 차이점을 가지고 속씨식물을 두 가지로 나누었어요. 곧은뿌리와 그물맥을 가진 쌍떡잎식물, 그리고 수염뿌리와 나란히맥을 가진 외떡잎식물로 말이지요. 쌍떡잎식물과 외떡잎식물은 뿌리와 잎맥 말고도 서로 다른 점을 가지고 있어요.

 먼저 이 두 식물 무리는 떡잎의 수가 서로 달라요. 쌍떡잎식물의 떡잎은 두 장이고, 외떡잎식물의 떡잎은 한 장이에요. 그래서 무리의 이름도 '쌍'떡잎식물과 '외'떡잎식물이라고 붙였어요. 여기서 떡잎이란 씨앗이 싹틀 때 가장 처음으로 나오는 잎을 말하는데, 떡잎에는 광합성으로 양분을 만들기 전에 식물이 먹을 양분이 들어 있어요.

 또, 쌍떡잎식물과 외떡잎식물은 꽃잎의 수도 달라요. 쌍떡잎식물의 꽃잎 개수는 4나 5의 배수와 같고, 외떡잎식물의 꽃잎 개수는 3의 배수와 같지요. 그래서 쌍떡잎식물의 꽃잎은 4개, 5개, 8개, 10개 등이고, 외떡잎식물의 꽃잎은 3개, 6개, 9개 등이에요.

 이제 여러분 주위에 있는 식물들을 살펴보고 그것이 쌍떡잎식물인지 외떡잎식물인지 맞힐 수 있겠지요? 뿌리를 캐 보지 않더라도 잎맥과 꽃잎 수로도 맞힐 수 있을 거예요.

1. 그물맥 2. 나란히맥 3. 곧은뿌리 4. 수염뿌리
5. 4장의 꽃잎 6. 3장의 꽃잎 7. 5장의 꽃잎 8. 6장의 꽃잎

식물의 분류

지금까지 설명한 식물의 무리를 한눈에 살펴보아요.

- **포자식물**

  이끼, 고사리

- **종자식물**

  겉씨식물(소나무, 소철, 은행나무)

  속씨식물

  외떡잎식물(강아지풀, 옥수수, 벼, 붓꽃, 백합, 난초)

  쌍떡잎식물(명아주, 봉선화, 강낭콩, 민들레, 벚나무)

1. 우산이끼 2. 털이끼 3. 고사리 4. 소나무 5. 은행나무 6. 강아지풀 7. 붓꽃 8. 백합 9. 봉선화 10. 벚나무 11. 민들레

9

식물의 줄기에는
많은 길이 있다?

식물의 줄기는 잎과 꽃을 달고, 식물이 서 있게 해 주는 역할을 해요. 또 뿌리에서 빨아들인 물을 잎으로, 잎에서 만든 양분을 몸 전체로 보내는 통로 역할도 하고 있지요.

그렇다면 줄기에는 물과 양분이 다니는 길이 있는 걸까요? 만약 줄기에 길이 있다면 어떻게 생겼을까요?

식물의 줄기에는 우리 몸의 혈액이 다니는 혈관처럼 관으로 된 길이 있어요. 물과 양분은 이 길을 따라 이동하지요. 이때 물과 양분은 각기 다른 관을 따라 이동하는데, 물이 다니는 길은 '물관'이라고 하고, 양분이 다니는 길은 '체관'이라고 해요. 땅속의 물은 뿌리털을 통해 식물 속으로 들어간 다음 이 물관을 따라 줄기를 거쳐 잎까지 이동해요. 또 잎에서 광합성으로 만들어진 양분은 체관을 따라 줄기를 거쳐 식물 전체로 이동하지요.

1. 빨간 색소를 넣은 물에 셀러리를 담근다.
2. 붉게 물든 부분이 물이 올라가는 물관이다.

 이렇게 물과 양분이 이동하는 물관과 체관이 모여 있는 묶음을 '관다발'이라고 해요. 식물의 줄기에는 이 관다발 여러 개가 지나가고 있지요. 이것은 줄기를 가로로 잘라서 살펴보아도 알 수 있어요. 하지만 아무리 봐도 다 초록색이라 잘 보이시 않는다고요?

 줄기에 관다발이 정말 있는지 보고 싶다면 빨간 식용색소를 넣은 물에 줄기를 담가 보세요. 그리고 몇 시간이 지난 다음 줄기를 꺼내서 잘라보면 물이 다니는 길인 물관이 빨간색으로 보일 거예요. 물관은 봤는데 체관은 안 보인다구요? 물관은 체관과 함께 관다발을 이루고 있기 때문에 빨갛게 물든 물관 바로 옆에 양분이 이동하는 체관이 있어요. 그래서 물관의 위치만으로도 관다발의 위치를 확인할 수 있지요.

 기온이 높고 햇빛이 비치는 날에 식물은 물관을 따라 한 시간에 40미터까지 물을 끌어올린다고 해요. 그리고 잎에서 만들어진 양분도 체관을 따라 식물의 몸을 이리저리 이동하지요. 식물의 줄기 속에서는 아무 일도 일어나지 않는 것처럼 보이지만, 실제로 그 안에서는 물과 양분이 끊임없이 이동하고 있답니다. 관다발 찾기 실험은 어렵지 않으니 여러분도 한번 해 보세요. 두 눈을 의심할 만큼 또렷하게 보이는 관다발을 보고 놀랄지도 몰라요.

10

외떡잎식물의 줄기는 굵어지지 못한다?

　나무는 나이를 먹을수록 점점 더 굵어지는 줄기를 가졌어요. 두 팔을 모두 벌려도 잡을 수 없을 정도로 굵은 줄기를 가진 나무라는 뜻의 아름드리나무는 나이가 아주 많다고 볼 수 있지요. 이렇게 나무가 나이를 먹을수록 줄기가 계속 굵어질 수 있는 것은 무엇 때문일까요?

　그것은 바로 나무가 '형성층'을 가지고 있기 때문이에요. 나무줄기 속에는 물관과 체관 말고도 형성층이라는 것이 있어요. 나무의 줄기를 가로로 잘랐을 때 가장 바깥쪽에 보이는 동그란 띠 모양이 바로 형성층이에요. 그리고 이 형성층 바깥쪽에는 체관이, 안쪽에는 물관이 있지요. 이 형성층이 새로운 세포를 계속 만들어 내어 나무의 줄기를 점점 더 굵게 만든답니다.

　나무의 줄기를 자르면 볼 수 있는 여러 개의 둥근 테는 형성층이 세포를 계속 만들어 내어 생긴 것이에요. '나이테'라고 하는 이 둥근

나무의 나이테 / 형성층

테는 사계절이 뚜렷한 지역에서 자라는 나무에서 볼 수 있지요. 기온이 높은 봄부터 여름까지는 식물이 양분을 많이 만들 수 있고, 형성층은 이 양분으로 새로운 세포를 많이 만들어 내요. 그러면 줄기도 많이 두꺼워지지요. 반면에 기온이 낮은 가을과 겨울에는 형성층이 느리게 자라서 줄기가 조금밖에 두꺼워지지 않아요. 이렇게 계절에 따라 형성층이 빠르고 느리게 자라기 때문에 나무줄기에는 두껍고 얇은 뚜렷한 테가 생겨요.

즉, 나무줄기에서 볼 수 있는 연한 갈색의 두꺼운 테는 따뜻한 계절에 형성층이 만들어 낸 것이고, 짙은 갈색의 얇은 테는 추운 계절에 형성층이 만들어 낸 것이에요. 결국 형성층은 사계절을 지내면서 두껍고 얇은 한 쌍의 테를 만들어 내지요. 그리고 이 한 쌍의 둥근 테로 일 년의 세월을 짐작할 수 있기 때문에, 이것을 나이테라고 하는 것이에요.

그런데, 모든 식물이 형성층을 가지고 있는 것은 아니에요. 형성층은 겉씨식물과 쌍떡잎식물에는 있지만, 외떡잎식물에는 없어요.

그래서 형성층이 없는 외떡잎식물은 줄기가 굵어지지 않는답니다.

쌍떡잎식물과 외떡잎식물의 관다발

쌍떡잎식물과 외떡잎식물의 잎맥과 뿌리 모양, 꽃잎의 수 등이 다르다는 건 이미 앞에서 봤지요. 그런데 이것들 말고도 다른 게 또 있어요. 바로 관다발의 배열 모양이랍니다. 쌍떡잎식물과 외떡잎식물의 줄기에는 관다발이 배열되어 있는 모양이 달라요. 쌍떡잎식물의 줄기에는 형성층을 중심으로 안쪽에는 물관이 바깥쪽에는 체관이 있어서 관다발이 규칙적으로 동그랗게 배열되어 있어요. 하지만 외떡잎식물의 줄기에는 형성층이 없기 때문에 관다발이 여기저기 불규칙하게 흩어져 있답니다.

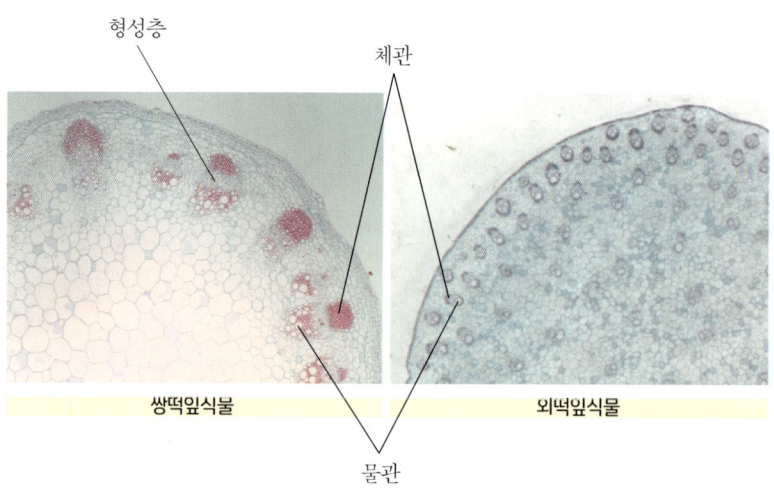

11

색다른 모양의 줄기도 많다?

대체로 줄기는 땅 위에 곧게 서 있는 것처럼 여겨지지만, 그렇지 않은 모습으로 특별한 기능을 하는 줄기도 많아요. 그런 줄기 중에서 땅 위로 자라는 줄기에는 기는줄기, 가시줄기, 저장줄기, 감는줄기 등이 있지요.

먼저 기는줄기는 땅 위로 서 있지 않고, 옆으로 기며 뻗어 나가면서 번식의 기능을 해요. 딸기나 잔디, 고구마의 줄기가 대표적인 기는줄기지요. 기는줄기가 옆으로 뻗으면서, 그 끝에서 새로운 뿌리와 줄기가 나와 식물이 번식할 수 있도록 해 주어요.

또 가시줄기는 줄기 일부가 가시로 변해서 식물을 보호하는 기능을 해요. 장미와 탱자나무의 줄기에서 볼 수 있는 따갑고 날카로운 가시가 바로 가시줄기예요.

그리고 저장줄기는 물이나 양분을 가득 담아 두는 기능을 하는 줄

1. 기는줄기(딸기) 2. 가시줄기(장미) 3. 저장줄기(선인장) 4. 감는줄기(등나무) 5. 감는줄기-줄기덩굴손(포도)

기로 다육식물인 선인장에서 볼 수 있어요. 선인장은 건조한 환경에 살아남기 위해서 줄기에 물을 담아 저장하고 있답니다.

 마지막으로 감는줄기는 물체를 감아 올라가는 기능을 하는 줄기예요. 등나무, 나팔꽃, 칡 같은 덩굴식물들은 햇빛을 더 많이 받기 위해서 감는줄기로 다른 물체를 감아 올라가곤 한답니다.

또 감는줄기에는 덩굴손으로 변한 줄기도 있어요. 앗! 그런데 덩굴손은 잎이 변해서 된 것이 아니었던가요? 맞아요. 물체를 잡기 위해서 잎이 변형된 것도 덩굴손이라고 해요. 하지만, 덩굴손 중에서는 잎이 아닌 줄기가 변해서 된 것도 있답니다. 예를 들자면, 포도의 덩굴손은 줄기가 변해서 된 것이에요. 포도의 덩굴손처럼 줄기가 변해서 만들어진 덩굴손을 '줄기덩굴손'이라고 해요. 식물은 살아남기 위해서 자신의 모든 힘을 다해 살아가고 있어요. 오르지 못할 것 같은 물체에 부딪혔을 때는 잎과 줄기를 변형시켜 덩굴손을 만들어서 열심히 오르고 또 오르지요.

12

땅속에도 줄기가 있다?

 앞에서 살펴본 식물의 줄기가 모두 땅위에서 자라고 있던 것이라면 이제는 땅속에 있는 줄기를 만나 볼 차례예요. 뿌리가 아닌 줄기가 땅속에 있다니 믿을 수가 없다고요? 하지만 우리는 너무나도 자주 땅속줄기를 만나고 있었어요. 그런데 그것이 줄기인 줄은 꿈에도 모르고 있었지요. 그럼 이제 땅속에서 자라고 있는 줄기를 만나러 같이 가볼까요?

 땅속줄기는 땅속에 있으면서 광합성으로 만들어진 양분을 저장하거나 식물의 번식을 도와요. 이런 줄기를 크게 덩이줄기, 비늘줄기, 알줄기, 뿌리줄기로 나눌 수 있지요.

 먼저 덩이줄기는 광합성으로 만들어진 양분이 덩어리 모양으로 땅속에 있는 줄기에 저장된 것이에요. 우리가 자주 먹던 감자가 대표적인 예이지요. 고구마랑 비슷하게 생겨서 감자를 뿌리로 생각하

1. 덩이줄기(감자) 2. 비늘줄기(양파) 3. 알줄기(토란) 4. 뿌리줄기(연근)

는 친구들이 많을 거예요. 하지만 감자는 땅속에 있던 줄기 일부분에 양분이 저장되면서 덩어리로 커진 것이랍니다.

또 땅속에 있는 줄기 중에는 비늘줄기가 있어요. 비늘줄기는 줄기 자체는 짧고 좁지만, 그 둘레에 양분이 저장된 두꺼운 잎이 비늘처럼 붙어 있어서 비늘줄기라고 불러요. 역시나 우리가 흔히 먹고 있던 양파와 마늘이 바로 비늘줄기랍니다. 양파를 세로로 잘라 보면 뿌리와 연결된 짧은 줄기에 양분을 가득 담은 두꺼운 잎이 빽빽하게 붙어 있는 것이 보일 거예요. 백합이나 튤립, 수선화도 비늘줄기를 가지고 있어요.

그리고 땅속에 있는 줄기 중에는 양분을 저장하면서 동그랗게 변한 알줄기가 있어요. 추석이 되면 국으로 끓여먹는 토란이 그 예이지요.

자, 이제 마지막으로 뿌리줄기를 만나 볼게요. 우리가 반찬으로 먹는 연근이나 차로 끓여 먹는 둥굴레와 생강은 뿌리처럼 보이지만 사실은 뿌리줄기예요. 뿌리줄기는 땅속에서 옆으로 자라면서 새로운 싹을 틔워 번식을 가능하게 하지요.

지금까지 얘기한 땅속의 줄기는 양분을 저장하면서 동시에 식물이 추운 겨울을 죽지 않고 버틸 수 있게 해 줘요. 추운 겨울에는 바깥보다 땅속이 더 따뜻하므로 그 안에서 잠자고 있다가 따뜻한 봄이 오면 다시 싹을 틔워 쑥쑥 자랄 수 있지요. 원래 연약한 풀들은 추운 겨울이 오면 얼어 죽기 일쑤였지만 땅속줄기를 가진 뒤로는 이제는 겨울이 두렵지 않답니다.

13

잎처럼 보이는 줄기가 있다?

　루스쿠스는 특이한 모양의 잎을 가지고 있어요. 잎처럼 보이는 것을 자세히 살펴보면 가운데 꽃이 피어 있는 것을 발견할 수 있지요. 어머나, 그럼 잎 가운데 꽃이 피는 신기한 식물이네요! 하지만, 잎처럼 보이는 부분은 실제로 줄기랍니다.

　뜨겁고 건조한 지역에 사는 루스쿠스는 물이 빠져나가는 걸 막기 위해서 잎을 아주 작게 만들었어요. 그런 곳에서는 가만히 있기만 해도 증산 작용 탓에 잎에 있던 기공으로 물이 쭉쭉 빠져나가거든요. 그런데, 이렇게 작아진 잎은 물은 아낄 수 있었지만, 광합성에 필요한 햇빛을 충분히 받을 수는 없었어요.

　그래서 루스쿠스는 광합성을 할 수 있는 엽록소는 적게 가지고 있지만, 대신 기공도 적어서 빠져나가는 물을 줄일 수 있는 줄기를 잎처럼 넓적하게 발달시켰지요. 그 결과 기공이 적은 줄기는 광합성으

1. 루스쿠스(잎처럼 보이는 줄기)   2. 호주아카시아(잎처럼 보이는 잎자루)

로 양분을 만들 수 있으면서도 증산 작용으로 날아가는 물의 양을 확 줄일 수 있었어요. 그런데 이렇게 변한 줄기는 종종 잎으로 잘못 알려지곤 해요. 그래서 이런 줄기를 "잎 모양 줄기"라는 의미의 '엽상경'이라고 불러요.

또 몸속의 물을 아끼기 위해서 잎보다 기공이 적은 잎자루를 잎처럼 발달시킨 식물도 있어요. 바로 호주아카시아 나무가 그 주인공이에요. 호주아카시아 나무의 잎처럼 보이는 것은 모두 잎이 아닌 잎자루랍니다. 이 나무도 뜨겁고 건조한 환경에서 살아남기 위해 오래도록 노력해서 지금과 같은 모습을 갖춘 것이에요. 식물은 태어난 곳에서 가만히 세월을 보내다가 죽는 것이 아니라 자신이 처한 환경에서 더욱 잘 살아남기 위해 열심히 노력한답니다.

14

먹어도 되는 식물의 줄기는 무엇일까?

먹을 수 있는 식물의 줄기는 무척이나 많아요. 앞에서 본 감자도 먹을 수 있는 식물의 줄기지요. 또 둥굴레와 생강의 뿌리줄기는 말려서 차로 끓여 먹고, 연꽃의 뿌리줄기인 연근은 다양한 음식으로 만들어 먹지요.

그리고 양파와 마늘의 비늘줄기도 우리나라의 음식에 없어서는 안 되는 중요한 재료입니다. 특히나 마늘은 비늘줄기 말고도 꽃줄기인 마늘종을 장아찌로 담거나 볶아서 먹기도 해요. 또 토란의 알줄기도 자주 먹는 반찬이에요. 아스파라거스나 대나무는 땅 위로 올라오는 어린 줄기를 먹기도 해요. 아직 잎이 나지 않은 어린 줄기는 질기지 않아서 먹기에 좋지요. 하지만, 꼭 연한 줄기만 먹을 수 있는 건 아니에요.

먹을 수 있는 식물의 줄기에는 딱딱한 나무줄기도 있어요. 알싸한

1. 생강 2. 마늘 3. 아스파라거스 4. 계피

맛과 향이 나는 수정과를 먹어 본 적이 있지요? 수정과의 맛과 향을 내는 재료는 바로 계피입니다. 계피는 육계나무 줄기의 껍질이에요. 계피를 푹 끓이면 수정과 특유의 향과 맛이 난답니다.

　사실 거의 모든 식물의 줄기는 먹을 수 있어요. 줄기뿐만 아니라 뿌리나 잎, 꽃, 열매 등 식물의 모든 부분은 먹을 수 있어요. 또 식물에는 다양한 영양분이 들어 있어서 우리의 건강에도 좋아요. 하지만 식물 중에는 독을 가지고 있는 것들이 있기 때문에 조심해야 해요. 어떤 식물이건 적당한 양을 알맞게 먹는 것이 중요하답니다.

우후죽순

대나무의 어린 줄기인 죽순은 성장속도가 무척 빨라서 '우후죽순'이라는 말이 있을 정도예요. '우후죽순'이란 '비가 온 뒤에 여기저기에서 돋아나는 죽순'이라는 뜻으로, 어떤 일이 한순간 많이 생겨나는 것을 말해요. 비가 온 뒤에 촉촉하게 젖은 땅 위로 여기저기 너무도 빨리 솟아나는 죽순의 모습이 이런 말을 생겨나게 한 것이지요.

원래 대나무는 세계에서 가장 빨리 자라는 식물 가운데 하나예요. 가장 빨리 자라는 대나무는 하루에 90센티미터까지 자란다고 하네요. 이 나무는 가만히 보고 있어도 자라는 모습이 보일 정도라고 하니 참 놀랍지요.

15

식물의 줄기는 옷감이 된다?

 아주 오랜 옛날부터 식물의 줄기는 옷감의 재료로 유용하게 쓰여 왔어요. 가장 대표적인 식물이 삼과 모시풀이지요.

 삼과 모시풀의 줄기를 가늘게 쪼개어 실로 만들고, 이 실을 엮어 옷감을 짠 것이 각각 삼베와 모시예요. 삼베와 모시로 만든 옷은 공기가 잘 통하고, 땀도 잘 빨아들여 더운 여름에 많이 입어요. 또한 천연섬유 중에서도 질기고 튼튼한 걸로 유명하지요. 그래서 삼베와 모시로 옷을 한번 지어 입으면 오래도록 입을 수 있어서 더욱 좋아요.

 삼베는 옷 외에도 이불이나 밧줄, 그물, 모기장을 만드는 데 쓰이기도 해요. 또한, 곰팡이 등의 균을 억제하는 기능도 있어서 삼베는 정말 훌륭한 옷감이에요. 아쉽게도 삼베의 원료인 삼은 아무나 키울 수는 없어요. '대마'라고도 부르는 삼의 줄기와 잎에는 일시적으로 의식이나 감각을 잃게 할 수 있는 물질이 들어 있어서 나라에서 허

1. 삼 2. 삼 줄기 3. 모시풀 4. 아마

락을 한 곳에서만 재배할 수 있지요.

또, 리넨이라고 하는 옷감도 식물의 줄기로 짠 것이에요. 주로 유럽에서 많이 쓰이는 리넨은 아마라고 하는 식물의 줄기로 만들었어요. 리넨은 섬유가 고르고 가늘어 반짝반짝 윤이 나는 고급스러운 옷감이에요.

이렇게 삼베, 모시, 리넨 등 식물의 줄기로 만든 옷감은 천연섬유로서 품질이 뛰어날 뿐만 아니라 피부와 건강에도 좋답니다.

닥나무와 한지

닥나무의 줄기로는 한지를 만들 수 있어요. 한지를 만들기 위해서는 닥나무줄기 껍질을 벗겨 푹 삶아서 부드럽게 만든 다음 다시 잿물을 섞어 오래도록 삶아요. 그 후에 물을 짜내고 여기에 닥풀의 뿌리를 으깨어 짜낸 끈적끈적한 물을 넣지요. 그리고 잘게 부서진 줄기와 잘 섞어서 고루 풀리게 합니다. 이렇게 한 종이물을 얇게 떠내어 말리면 드디어 한지가 만들어져요.

이런 과정으로 만들어진 한지는 질기고 오랫동안 두어도 변하지 않아요. 또 한지는 잘 찢어지지 않아서 옷으로 만들어 입을 수도 있어요. 공기가 잘 통해서 습도나 온도 조절도 가능한 한지는 살아 숨 쉬는 종이랍니다.

닥나무

3장

열매와 씨

1

열매는
어떻게 생길까?

예쁜 꽃이 지고 얼마가 지나자 신기하게도 그 자리에 탐스러운 열매가 생겼어요. 이 열매는 대체 어디에서 온 것일까요?

꽃이 피고 꽃가루가 암술의 머리에 닿는 꽃가루받이가 이루어지면 그 꽃가루는 암술대를 따라 내려가서 씨방 안에 있는 밑씨와 만나게 됩니다. 꽃가루와 밑씨가 만나는 것을 '수정'이라고 해요. 수정이 된 꽃은 더 이상 나비나 벌을 유혹할 필요가 없기 때문에 꽃잎은 시들어서 떨어져요. 이렇게 수정이 된 밑씨는 씨앗으로 성장해요. 그리고 밑씨가 씨앗으로 성장하는 동안 밑씨를 감싸고 있는 씨방도 발달하게 되는데, 이것이 우리가 눈으로 보는 열매랍니다.

토마토의 빨간 열매도 노란색 꽃이 지고 난 자리에 열려요. 토마토 꽃의 암술에 있던 씨방이 자라서 토마토 열매가 되는 것이지요. 그리고 그 열매를 잘라 보면 밑씨가 자라서 된 씨앗이 잔뜩 들어 있

열매가 생기는 과정

어요.

 강낭콩의 꼬투리도 씨방이 자라서 된 열매예요. 꼬투리 안에는 밑씨가 자라 맺힌 씨앗이 여러 개 달리지요. 이처럼 우리가 먹는 열매는 대부분 꽃가루받이와 수정을 거친 씨방이 자란 것입니다.

 그런데 사실 열매란 말은 속씨식물에서만 쓰는 말이에요. 열매가 되는 씨방을 가지고 있는 식물은 속씨식물뿐이니까요. 그래서 씨방이 없는 겉씨식물의 열매는 '솔방울'이라는 말을 쓰기도 해요. 정확히는 씨앗이 들어 있으니 '씨앗솔방울'이라고 하지요. 솔방울은 씨방이 없는 채로 자라는 밑씨가 씨앗이 될 때까지 딱딱한 비늘로 덮고 있는 것이에요. 그 후 씨앗이 다 자라면 솔방울의 단단한 비늘이 열려 씨앗이 밖으로 나올 수 있게 해 주지요.

씨방 속 밑씨

1. 토마토 열매 2. 토마토 단면 3. 완두 4. 완두콩 5. 어린 솔방울 6. 익은 솔방울

2
모든 열매는 씨방이 자라서 된 것이다?

　가을에 주황색으로 익는 감은 참 맛있어요. 감 안쪽에 갈색의 씨앗을 감싸고 있는 달콤한 과육은 감꽃의 씨방이 자라서 된 것이에요. 감처럼 우리가 맛있게 먹는 복숭아나 귤, 포도, 멜론도 씨방이 자라서 과육이 된 열매입니다.

　하지만 씨방이 아닌 꽃의 다른 부분이 자라서 열매가 되기도 해요. 새콤달콤한 사과의 과육은 사과꽃의 씨방이 아니라 줄기에 꽃이 달린 부분인 '꽃턱(꽃받기)'이 자란 거예요. 사과를 가로로 잘랐을 때 가운데 씨앗이 들어 있는 별 모양이 보이나요? 사과를 먹을 때 단단한 부분이라 잘라 내고 먹는 부분이요. 바로 그 부분이 사과 꽃의 씨방이 자란 것입니다. 사과처럼 배도 우리가 먹는 부분은 꽃턱과 꽃받침 일부가 자란 것이에요.

　또 석류의 열매는 석류꽃의 꽃받침이 자란 것이에요. 석류꽃의 꽃

1. 감 2. 사과 3. 배 4. 석류 5. 파인애플 6. 딸기

받침이 주머니 모양으로 변해서 그 안에 많은 씨앗을 품고 있지요. 그리고 파인애플은 많은 수의 작은 꽃이 솔방울 모양으로 붙어 있던 꽃대가 자라서 만들어진 열매예요. 파인애플 겉을 살짝 잘라 보면 꽃이 붙어 있던 자리가 보일 거예요. 파인애플은 하나의 큰 열매처럼 보이지만 사실은 여러 개의 꽃에서 성숙한 열매가 오밀조밀 모여 있는 것이랍니다.

딸기는 이들보다 더 신기한 열매예요. 먼저 딸기 열매는 씨방이 아닌 꽃턱이 자라면서 크고 빨갛게 부풀어요. 그래서 우리가 먹는 달콤한 부분이 되지요. 그럼 씨앗이 들어 있는 씨방은 어디에 있을까요? 우리가 딸기를 먹을 때 톡톡 씹히는 것이 바로 씨앗이 들어 있는 씨방이랍니다. 딸기 열매 겉에 다닥다닥 붙어 있는 작은 알갱이들 말이에요. 딸기꽃 한 송이에는 많은 수의 암술이 있고, 그 암술 하나하나에 꽃가루받이가 이루어져 씨앗을 포함한 씨방이 딸기 표면의 알갱이로 자란 것이에요. 그 알갱이를 자세히 살펴보면 짧은 털이 보이는데 그것은 꽃가루받이가 이루어졌던 암술머리의 흔적이랍니다.

열매란 보통 수정된 씨방이 자라서 된 것을 말해요. 하지만, 앞에서 얘기한 것처럼 씨방 이외에 꽃턱이나 꽃받침 등 꽃의 다른 부분이 함께 자라서 열매가 되기도 하지요. 그래서 씨방이 자라서 된 열매를 '참열매'라고 하고, 그 외 다른 부분이 자라 된 열매를 '헛열매'라 부르기도 한답니다.

3

열매가 익어야
씨앗도 익는다?

　초록색 감과 주황색 감 중에 어떤 것이 더 맛있어 보이나요? 모두 주황색 감이라고 말할 거예요. 왜냐하면, 초록색 감은 달지도 않고 떫지만, 주황색 감은 달고 맛있거든요. 다시 말해서 초록색 감은 익지 않았고, 주황색 감은 잘 익은 것이지요. 감처럼 식물의 열매는 주로 안 익었을 때는 초록색이지만, 다 익고 나면 색깔이 달라져요. 또 초록색 열매는 맛도 없고 안에 있는 씨앗도 아직 여물지 않았지만, 색깔이 바뀐 열매는 맛도 좋고 안에는 잘 여문 씨앗이 들어 있지요.

　사실 익지 않은 열매가 잎과 같은 초록색인 것은 새나 다른 동물의 눈에 띄지 않게 잘 숨기 위한 것이랍니다. 씨앗이 아직 여물지 않았기 때문에 동물의 눈에 띄었다가는 애써 만들어 놓은 씨앗이 물거품이 되어 버리잖아요. 그래서 꼭꼭 숨겨 놓고 씨앗이 여물기만을 기다려요.

1. 덜 익은 감 2. 익은 감 3. 덜 익은 딸기 4. 익은 딸기

　그러다가 씨앗이 여물기 시작하면 열매의 색깔이 조금씩 달라져요. 열매의 색깔이 달라지면서 그 안의 과육도 맛있게 변하고 있지요. 이렇게 열매는 사과처럼 빨갛게, 혹은 바나나처럼 노랗게 색깔을 바꾸면서 씨앗이 여물고 있다는 것을 알려요. 열매는 씨앗이 다 여물고 나면 이제는 오히려 동물의 눈에 띄는 색깔로 갈아입고 맛있는 향기까지 풍긴답니다.

　그리고 향기로 먼 곳까지 소리치지요. '자, 날 먹고 내 안의 씨앗을 멀리 퍼뜨려 줘!'라고요.

새와 빨간 열매

열매를 열심히 먹고 있는 새의 모습을 담은 사진을 보면 빨간 열매가 자주 등장해요. 빨간색 열매가 특히 맛있는 걸까요? 열매의 색깔은 무척이나 다양한데 왜 새들은 유난히 빨간 열매만 먹으려 할까요?

사실 새들은 빨간색 열매를 주로 먹어요. 왜냐하면 새들의 눈은 빨간색을 제일 잘 알아보기 때문이지요. 그래서 새를 이용해서 씨앗을 멀리 보내려는 식물은 이 사실을 알고 열매 색을 빨갛게 만들어 새를 유혹한답니다.

산사나무의 빨간 열매를 먹는 황여새

4

식물은 왜 씨앗을 멀리 보내려고 노력할까?

　식물이 꽃을 피워 열매를 맺는 것은 씨앗을 만들어 자손을 남기기 위해서랍니다. 그런데 열심히 만든 씨앗이 먼 곳이 아닌 바로 아래에 떨어져 자란다면 어떻게 될까요? 아마도 그곳은 금방 비좁아져서 살기가 어려운 곳이 될 거예요. 또 그곳의 환경이 파괴라도 된다면 모두 죽게 될지도 모르지요. 그래서 식물들은 씨앗이 멀리 퍼질 수 있도록 다양한 전략을 세웠어요.

　그 첫 번째는 사람이나 새 등 동물을 이용하는 전략이에요. 씨앗이 들어 있는 열매에 맛있는 과육을 만들어 동물이 가져다가 먹게 하는 것이지요. 열매를 먹은 동물은 여기저기 돌아다니면서 똥을 싸게 되는데, 그때 소화되지 않은 씨앗이 똥과 함께 밖으로 나와 자라지요. 똥은 씨앗이 싹트는데 훌륭한 거름이 되기 때문에 이 전략은 아주 훌륭해요!

1. 씨앗이 들어 있는 똥   2. 청설모

　또 동물을 이용하는 전략에는 맛있는 열매를 주는 동시에 동물의 건망증을 이용하는 것이 있어요. 다람쥐나 청설모가 아주 맛있게 먹는 밤이나 잣, 땅콩, 도토리가 그래요. 어! 그런데 이 열매들은 다람쥐가 안에 있는 씨앗을 잘게 깨물어서 먹어 버리는데 어떻게 씨앗을 퍼뜨린다는 건지 아리송하지요?

　물론 다람쥐가 먹어 버리는 열매도 많아요. 하지만, 먹이가 없는 추운 겨울에 먹으려고 열매를 땅속 여기저기에 묻어 두고, 깜빡 잊고 꺼내 먹지 않은 열매들도 수두룩하답니다. 다람쥐의 건망증 덕분에 씨앗은 다음 해 봄에 그곳에서 새싹을 틔울 수 있지요.

마지막으로 동물을 이용하는 전략에는 맛있는 열매는 주지 않고 동물을 이용만 하는 것이 있어요. 바로 동물의 몸에 달라붙어서 이동하는 전략이지요. 동물은 여기저기 움직일 수 있기 때문에 동물의 몸에 잘 달라붙어 있기만 하면 열매와 씨앗은 멀리까지도 갈 수 있는 것이지요.

두 번째는 바람이나 물을 이용하는 전략이에요. 이 전략에는 씨앗에 털이나 날개를 만들어 바람에 멀리 날려 보내거나 열매에 공기주머니를 만들어 물에 둥둥 뜰 수 있게 만든 다음 물에 흘려보내는 방법이 있어요. 바람이 많이 부는 넓은 들이나 주위가 온통 물인 곳에 사는 식물들이 주로 이 전략을 쓴답니다.

세 번째는 식물 스스로 씨앗을 퍼뜨리는 전략이에요. '꼬투리'라고 하는 열매를 가진 식물들은 꼬투리를 있는 힘껏 터뜨려서 그 안에 있는 씨앗을 멀리 튕겨 보내지요. 봉선화나 콩의 열매를 꼬투리라고 하는데 그 안에 씨앗이 들어 있다가 꼬투리가 터지면서 씨앗도 멀리까지 튕겨 나간답니다. 그래서 다 익은 꼬투리는 살짝 손만 대도 톡! 하고 터져 버려요.

5

민들레 씨앗은
왜 솜털이 달렸나?

　민들레의 노란 꽃이 지고 난 자리에 보송보송한 솜사탕 같은 열매가 생겼어요. 아마도 여러분은 그 열매를 입으로 후하고 불어 본 적이 있을 거예요. 그리고 입으로 부는 순간 민들레 씨앗이 바람을 타고 멀리 날아가는 것도 보았을 테지요. 이것이 바로 민들레가 바람을 이용해서 씨앗을 멀리 퍼뜨리려는 방법이에요. 민들레처럼 바람을 이용해 씨앗을 퍼뜨리는 식물에는 플라타너스, 단풍나무, 소나무, 난초 등이 있어요. 이 식물의 씨앗은 바람에 잘 날리고, 멀리 퍼지기 좋

민들레 열매

5. 민들레 씨앗은 왜 솜털이 달렸나?　　145

단풍나무 열매 / 난초 씨앗

은 생김새를 가지고 있지요.

먼저 민들레 씨앗의 생김새를 살펴볼게요. 민들레 열매를 자세히 들여다보면 씨앗 하나하나에 마치 낙하산처럼 휜털이 붙어 있어요. 이 털을 이용해서 민들레 씨앗은 바람을 따라 멀리 날아갈 수 있지요. 사실 낙하산은 민들레 씨앗을 보고 만든 것이랍니다. 플라타너스의 씨앗도 민들레 씨앗처럼 가벼운 털로 멀리까지 날아가요.

단풍나무나 소나무의 씨앗은 털이 아닌 날개를 달고 바람을 따라 멀리까지 날아가요. 사람들은 바람이 불면 빙글빙글 돌아가는 단풍나무 씨앗 열매의 날개를 보고 헬리콥터의 프로펠러를 만들기도 했어요. 헬리콥터의 원조가 단풍나무 씨앗인 셈이에요.

또 난초의 씨앗은 먼지처럼 작고 가벼워서 바람을 타고 먼 곳까지 날아갈 수 있어요. 그래서 세계에서 가장 작은 씨앗도 바로 난초의 씨앗이랍니다.

6
야자나무 열매 안에는 공기주머니가 있다?

강이나 바다처럼 물가에 사는 식물은 열매가 물에 떨어졌을 때 물속으로 가라앉아 버릴까 걱정했어요. 그래서 열매 속에 공기주머니를 만들었지요. 그 덕분에 씨앗이 든 열매는 물에 오래 떠 있을 수 있어요.

게다가 열매에 두꺼운 껍질을 만들어 두었기 때문에 열매 안으로 물이 쉽게 들어오지 않아서 씨앗이 썩지 않지요. 그래서 바닷가에 사는 코코넛의 열매는 바다에 빠져도 썩지 않고 몇 주 동안이나 떠 있을 수 있어요. 이런 특징을 가지고 바다를 따라 멀리 이동한 코코넛 열매는 적당한 육지에 닿으면 뿌리를 내리고 성장한답니다.

코코넛처럼 야자나무나 문주란, 모감주나무, 부레옥잠, 연꽃 등이 물 위에 둥둥 떠서 멀리까지 퍼질 수 있는 열매를 가졌어요.

우리나라 천연기념물인 충남 안면도의 모감주나무 군락이나 제주

1. 야자나무 열매 2. 모감주나무 열매 3. 문주란 열매

도 토끼섬의 문주란 군락은 바닷물에 의해 씨앗이 퍼져 자라면서 이루어진 곳이에요.

특히나 문주란은 맨 처음 아프리카에서 자라고 있었는데 씨앗이 바다를 타고 세계 곳곳으로 퍼졌다고 해요. 제주도의 문주란도 그 조상은 아프리카의 문주란인 셈이지요. 문주란은 세계를 무대로 활동하기 때문에 다른 나라의 바닷가에 가도 똑같은 문주란을 만날 수 있어요. 씨앗을 옮겨다 주는 바다만 있다면 문주란에게는 국경도 장벽이 되지 않는답니다.

7

봉선화 열매는 정말 손대면 톡! 하고 터질까?

아라비안나이트의 '알리바바와 40인의 도둑'에 나오는 유명한 주문 '열려라, 참깨!'를 모두 알고 있을 거예요. 닫혀 있는 돌문 앞에서 '열려라, 참깨'를 외치면 펑! 하고 문이 열리지요. 그런데 왜 하필 참깨일까요?

'열려라, 참깨!'는 참깨의 꼬투리를 보고 지었다고 해요. 참깨 꼬투리가 다 익고 나서 펑! 하고 터지면서 씨앗이 튕겨 나오는 모습이 마치 열릴 것 같지 않은 돌문이 열리는 것처럼 느껴지거든요.

참깨처럼 봉선화나 콩, 괭이밥, 제비꽃 등의 열매도 꼬투리예요. 꼬투리 안에 여러 개의 씨앗이 들어 있다가 씨앗이 여물면 건조해진 꼬투리의 껍질이 비틀리면서 힘차게 터지는데 그때 안에 있던 씨앗이 튕겨 나와요.

예를 들어 다 익은 봉선화의 꼬투리는 살짝 건드리기만 해도 바로

1. 참깨 열매 2. 콩 열매 3. 봉선화 열매 4. 봉선화 열매 터짐

주저 없이 톡! 하고 터진답니다. 그러면 안에 있던 씨앗이 사방팔방으로 튀어 나가요.

봉선화의 영어이름을 풀이해 보면 '나를 건드리지 마세요.'인데, 사실 봉선화는 누군가 자신을 건드려서 꼬투리를 터뜨려 주기를 바라고 있을 거예요. 그래야 꼬투리 안에 있던 씨앗이 튕겨 나갈 수 있으니까요.

이처럼 있는 힘껏 씨앗을 튕기는 꼬투리는 다른 이의 도움 없이 스스로 씨앗을 멀리 보내는 방법 중 단연 최고라고 할 수 있어요.

8

우엉 열매를 보고
찍찍이를 만들었다?

　1941년 가을의 어느 날, 스위스 사람인 메스트랄(George de Mestral)은 개와 함께 산에서 사냥을 했어요. 사냥을 마치고 집으로 돌아온 그는 개와 자신의 옷에 우엉 열매가 잔뜩 붙은 것을 알았지요.

　하지만, 쉽게 떼어지지 않는 우엉 열매 때문에 한참이나 고생해야 했어요. 아무리 옷을 털어도 잘 떨어지지 않고 하나씩 손으로 떼어 내야만 했거든요. '대체 어떻게 생겼기에 이리도 안 떨어진단 말인가!'

　너무 궁금해진 메스트랄은 현미경으로 우엉 열매를 들여다보기로 했어요. 그리고는 깜짝 놀랐답니다.

　우엉 열매에는 무수히 많은 갈고리가 달려 있지 뭐예요. 바로 이 갈고리가 옷에 걸려 잘 떨어지지 않았던 거예요. 순간 그의 머리에는 기발한 아이디어가 떠올랐어요. '이 갈고리로 붙었다 떨어졌다 하는 물질을 만들면 어떨까?'

1. 갈고리가 달린 우엉 열매 2. 우엉 꽃사진 3. 우엉 열매 갈고리 확대 4. 벨크로가 있는 신발

결국 오랜 노력 끝에 그는 운동화나 아기 기저귀 등에 쓰이는, 흔히 찍찍이라고 불리는 벨크로를 발명했어요. 벨크로의 한쪽에는 갈고리가 달려 있고, 다른 한쪽에는 그 갈고리를 걸 수 있는 고리가 달려 있어요. 그래서 마음대로 붙였다 뗄 수 있지요. 우엉 열매에 있던 갈고리가 옷 섬유의 고리에 붙었던 것과 같은 원리예요.

한번 붙으면 잘 떨어지지 않는 우엉 열매의 갈고리에는 씨앗을 동물의 몸에 붙여 멀리 퍼뜨리고자 하는 식물의 전략이 숨어 있어요. 이런 전략을 쓰는 식물은 우엉 말고도 많답니다. 도깨비바늘이나 도꼬마리, 털진득찰, 뱀무, 짚신나물, 도둑놈의갈고리, 남가새도 열매에 갈고리나 가시를 만들어서 동물의 몸에 착 붙어서 멀리 이동한답니다.

1. 도깨비바늘 2. 남가새 3. 도꼬마리 4. 도꼬마리 갈고리

자연에서의 발명

벨크로처럼 우리 주변에는 자연에서 얻은 아이디어로 만들어진 놀라운 발명품들이 많아요. 여간해서 끊어지지 않는 거미줄을 보고 아주 단단한 줄을 만든다거나, 물이 닿아도 또르르 굴러 떨어지고 마는 연잎을 보고 방수옷을 만들기도 했어요. 또 어떤 벽이건 잘 달라붙는 도마뱀의 발바닥을 보고 유리벽도 기어오를 수 있는 로봇을 만들기도 했지요. 자, 여러분도 쉽게 지나칠 수 있는 자연에서 아이디어를 얻어 제2의 메스트랄이 되어 보는 건 어떨까요?

연잎의 방수 성질

9

씨앗 안에는 어린싹이 들어 있다?

씨앗은 정말 신기해요. 씨앗 안에는 무엇이 들어 있길래 자그마한 씨앗이 크게 자랄 수 있는 걸까요? 씨앗을 자세히 살펴봐야겠어요.

씨앗은 씨껍질로 싸여 있고, 안에는 장차 자라서 식물이 될 어린 싹인 '배'가 들어 있어요. 배는 씨앗 안에서도 벌써 어린잎이나 뿌리를 가지고 있답니다. 배는 씨앗 안에 웅크리고 있다가 적당한 때가 오면 씨껍질을 뚫고 나와 자라기 시작해요. 여기서 적당한 때란 알맞은 온도와 충분한 물이 있는 경우를 말해요. 이렇게 씨앗이 싹트는 과정을 '발아'라고 해요. 발아를 거친 배는 어린싹이 되어 쑥쑥 자라서 커다란 식물이 되지요.

씨앗 안에 있는 배는 떡잎을 가지고 있어요. 떡잎은 배가 처음으로 갖는 잎으로 강낭콩, 완두, 밤 등 쌍떡잎식물은 두 개, 옥수수나 벼 등 외떡잎식물은 한 개를 가지고 있어요. 또 쌍떡잎식물과 외떡

감 씨앗(어린싹, 배젖)

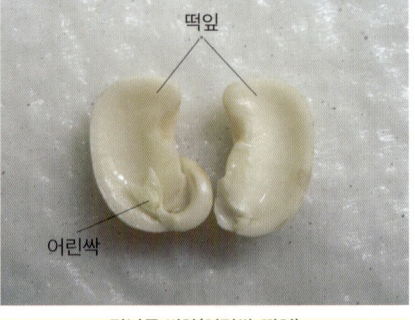
강낭콩 씨앗(어린싹, 떡잎)

　잎식물 같은 속씨식물뿐 아니라 은행나무나 소나무와 같은 겉씨식물의 씨앗에도 떡잎이 있어요. 은행나무는 두 장의 떡잎을, 소나무 종류는 3~15장의 떡잎을 가지고 있지요. 이 떡잎은 배가 자라 싹이 틀 때 땅 아래 남아 있기도 하고 땅 위로 올라오기도 해요.

　씨앗 안에는 떡잎을 포함한 배 말고도 배젖이 있어요. 감 씨앗을 잘라 보았을 때 배를 감싸고 있는 하얀 부분이 배젖이에요. 배젖은 말 그대로 배가 먹는 양분이에요. 배는 발아하기 전에 씨앗 안에서 배젖을 먹고 버틸 수 있지요. 또한 배가 발아해서 커갈 때 광합성으로 스스로 양분을 만들 수 있을 때까지 양분을 공급해 주는 것도 바로 배젖이에요. 감이나 사과, 벼, 보리 등의 씨앗에는 배젖이 있어서 배를 자라게 해 줘요.

　하지만, 강낭콩이나 밤, 호두, 냉이처럼 배젖이 없는 씨앗도 있어요. 배젖이 없으면 배는 어떻게 자라느냐고요? 이런 씨앗은 다른 씨앗보다 훨씬 큰 떡잎을 가지고 있어요. 그래서 배가 자라 광합성을 할 수 있을 때까지 떡잎이 양분을 제공해 준답니다. 떡잎이나 배젖은 씨앗이 발아해서 배가 쑥쑥 자라는 데 참 중요해요.

쌍떡잎식물과 외떡잎식물의 차이

지금까지 살펴본 쌍떡잎식물과 외떡잎식물의 차이점을 표로 나타내어 봅시다.

	쌍떡잎식물	외떡잎식물
꽃잎의 수	4, 5의 배수	3의 배수
잎맥	그물맥	나란히맥
뿌리	원뿌리	수염뿌리
줄기-관다발	규칙적 배열	불규칙적 배열
줄기-형성층	있다	없다
떡잎의 수	2개	1개

10
씨앗마다 싹 틔고 자라는 모습이 다르다?

　이번에는 씨앗이 발아해서 자라는 모습이 식물마다 어떻게 다른지 알아보기로 해요. 쌍떡잎식물인 강낭콩과 외떡잎식물인 옥수수 씨앗의 경우를 비교해 보면서 함께 살펴볼까요?

　강낭콩 씨앗은 처음에 아주 딱딱해요. 이 씨앗에 물을 충분히 주게 되면 물을 빨아들인 씨앗은 점점 부풀어 오르면서 커지고 부드러워져요. 그러다가 씨앗에서 어린뿌리가 나오면서 씨껍질이 벗겨집니다. 그리고 뿌리는 아래로 뻗어 나가 자라고, 땅 위로는 떡잎이 나와요. 그 후 줄기가 점점 자라면서 떡잎 사이로 본잎이 나오지요. 본잎이 커져서 광합성으로 양분을 만들 때까지 떡잎은 뿌리와 줄기, 본잎이 자랄 수 있는 양분을 제공해 줘요. 그러다가 본잎이 자라서 양분을 만들기 시작하면 떡잎은 쪼그라들면서 떨어져요.

　같은 쌍떡잎식물이라도 완두의 경우는 달라요. 완두콩에 있는 두

1. 강낭콩 발아(단면)
2. 강낭콩에서 뿌리가 나오면서 본잎이 나오는 과정
3. 강낭콩 떡잎 시듦
4. 완두콩 발아
5. 완두콩 뿌리와 본잎이 나옴

장의 떡잎은 땅 위로 올라오지 않은 채로 땅 아래에 남아서 본잎이 자랄 때까지 양분을 보내 주지요.

외떡잎식물인 옥수수의 씨앗도 강낭콩과 마찬가지로 물을 빨아들이면 점점 부풀어요. 그리고 어린뿌리가 나오지요. 하지만, 강낭콩 씨앗이 두 장의 떡잎을 땅 위로 내보내는 것과는 다르게 옥수수 씨앗의 떡잎은 밖으로 나오지 않아요. 또 커다란 강낭콩 씨앗의 떡잎에 비해 옥수수 씨앗의 떡잎은 아주 작고, 새싹을 자라게 해줄 만한 양분도 없지요. 그래도 옥수수 새싹이 자라나는 데에는 전혀 문제가 없어요. 왜냐하면, 옥수수 씨앗은 작은 떡잎 대신 커다란 배젖을 가지고 있거든요. 옥수수 씨앗의 배젖에는 강낭콩의 떡잎처럼 새싹이 먹을 양분이 충분히 들어 있답니다.

배젖에 있는 양분을 먹고 드디어 땅 위로 본잎이 나와요. 이때 본잎은 혼자 나오는 것이 아니라 떡잎싸개에 싸여서 나오지요. 떡잎싸개는 연약한 본잎이 단단한 흙을 뚫고 올라올 수 있도록 본잎을 보

1. 옥수수 씨앗에서 뿌리와 떡잎싸개가 나옴
2. 뿌리와 떡잎싸개가 자람
3. 떡잎싸개 가운데로 본잎이 나옴
4. 본잎이 쑥쑥 자람
5. 볍씨에서 뿌리와 떡잎싸개가 나옴

호해 주는 얇은 막이에요. 본잎은 점점 자라면서 결국 떡잎싸개를 벗고 위로 쑥쑥 자라게 되지요. 옥수수와 같은 외떡잎식물인 벼도 비슷해요. 볍씨도 한 장의 작은 떡잎을 가지고 있는 대신 큰 배젖을 가지고 있어요. 그래서 떡잎이 땅 위로 올라오지 않은 상태에서 본잎이 떡잎싸개에 싸여 땅 위로 나온답니다.

위와 같은 과정을 거쳐서 식물이 자라고, 꽃을 피우고, 열매를 맺어 다시 씨앗을 만드는 과정을 '식물의 한살이'라고 해요. 식물의 한살이는 씨앗으로 시작해서 다시 씨앗으로 끝나지요. 그리고 씨앗에서 싹이 터서 1년 안에 한살이 과정이 끝나고 시들어 죽는 식물을 '한해살이 식물'이라고 해요. 한해살이 식물에는 벼나 나팔꽃, 봉선화, 해바라기, 강낭콩, 옥수수, 채송화, 백일홍, 맨드라미, 과꽃 등이

1. 채송화 2. 맨드라미 　　　　 1. 비비추 2. 호두나무

있어요.

　반면에 식물의 한살이가 여러 해에 거쳐 일어나는 식물을 '여러해살이 식물'이라고 하는데 비비추나 민들레, 국화, 잔디, 갈대, 감나무, 복숭아나무, 호두나무, 단풍나무 등이 여러해살이 식물들이에요. 여러해살이 식물은 겨울이 되어도 죽지 않고, 잎을 떨어뜨리는 방법이나 땅속줄기, 알뿌리 등과 같은 방법으로 살아남는답니다. 그리고 이듬해 봄이 되면 다시 새순이 나오고 꽃이 피지요. 우리가 여러 해 동안 보았던 나무들은 모두 여러해살이 식물인 것이죠.

아보카도 싹 틔우기

추운 겨울이 있는 우리나라에서는 열대식물이 잘 자라기가 어려워요. 하지만, 집에서 열대식물을 싹 틔워 길러 볼 수는 있답니다. 열대식물 중에서 아보카도는 싹 틔우기가 아주 쉬워요. 아보카도를 먹고 난 후 가운데 들어 있는 동그란 씨앗을 꺼내어 씻어서 하루 정도 말리세요. 그리고 씨앗을 물에 반쯤 잠기게 놔 두면 2주 후에 뿌리와 잎이 나온답니다. 이때 하루 정도 말린 아보카도 씨앗의 껍질을 살살 벗겨 낸 후 물에 두면 뿌리와 잎이 더 잘 나와요. 그런 후에 화분에 옮겨 심으면 아보카도가 쑥쑥 자라는 것을 볼 수 있지요. 파인애플은 잎이 있는 윗부분만 잘라서 화분에 심어도 잘 자라요.

아보카도

11

연꽃 씨앗은 천 년이 지나도 싹이 튼다?

　2009년 우리나라의 경상남도 함안군 성산산성 유적지에서 연꽃 씨앗이 발견되었어요. 이곳은 과거에 연못이었다고 하는데, 여기서 발견된 연꽃 씨앗은 무려 700여 년 전 고려 시대의 것이라고 해요. 과학자들은 이 씨앗으로 발아실험을 했고, 신기하게도 씨앗에서 싹이 터서 잎과 줄기가 나오고 연꽃이 피었어요. 사람들은 이 꽃이 발견된 지역의 고려 시대 이름을 따서 이 연꽃에 '아라홍련'이라는 이름을 붙였지요.

　중국이나 일본에서는 2천 년 전의 연꽃 씨앗이 싹튼 일도 있었어요. 그 씨앗은 무려 2천 년 동안이나 썩지도 않고 있었던 거예요! 어떻게 이런 일이 가능할 수 있는 걸까요? 보통 씨앗은 세상 밖으로 나온 지 몇 년 지나면 썩거나 말라비틀어지기 쉬울 텐데 말이에요. 그 비밀은 바로 땅속 '냉동고'랍니다.

　냉동고에 얼려 둔 음식이 그냥 밖에 놓아 둔 음식보다 오랫동안

연꽃과 열매

상하지 않는 것처럼 씨앗도 냉동고에 두면 오래 변하지 않지요. 그럼 땅 밑에 냉동고가 있었던 거냐고요? 연꽃 씨앗은 땅속 깊숙이 묻히는 바람에 싹이 트는 데 필요한 산소나 물, 빛이 닿을 수 없었어요. 그래서 마치 냉동고에 있었던 것과 같은 상태가 된 거예요. 추운 북극의 툰드라에서 발견된 씨앗이 1만 년 만에 꽃을 피운 일도 있었는데, 이것도 모두 자연적으로 만들어진 냉동고 덕분이랍니다. 이처럼 식물의 씨앗은 싹을 틔우고 자라기에 적당하지 않은 환경에서는 겨울잠을 자다가 좋은 때가 왔을 때 싹을 틔우는 방법으로 오래 살아남을 수 있는 것이에요.

12

솜으로
지폐를 만든다?

　천연 솜을 얻을 수 있는 식물, 목화! 목화는 고려 시대 문익점이 중국 원나라에서 처음으로 목화씨를 들여와 우리나라에서 재배하기 시작했다고 해요. 목화 열매가 익으면 터지면서 긴 솜털이 달린 씨앗이 나오는데, 이 긴 솜털을 모으면 솜이 되고, 솜에서 실을 뽑아 옷감을 만들면 면이 되지요.

　목화가 들어오기 전에 일반 사람들은 추운 겨울에도 삼베옷을 입었기 때문에 겨울을 몹시 춥게 보낼 수밖에 없었어요. 그러던 중 목화 열매에서 나온 솜으로 따뜻한 옷을 지어 입을 수 있게 되자 사람들의 생활은 완전히 바뀌었답니다. 겨울에도 밖에 나가 일을 할 수 있게 되었고, 솜으로 만든 여러 가지 생활 도구로 삶은 풍요로워졌지요. 목화는 그 당시 생활방식을 모조리 바꿔 버릴 만큼 대단한 것이었어요.

1. 목화 꽃 2. 우리나라 지폐 3. 목화 열매

　목화 열매에서 나온 솜으로 만든 면은 오늘날 우리에게도 중요한 자원이에요. 면은 값이 싸면서도 튼튼하며 가볍고 땀을 잘 흡수해서 옷을 만들어 입는 데 많이 사용되지요. 그런데 면으로 만든 물건 중에는 우리가 상상하지 못한 것이 있어요. 바로 우리나라에서 쓰는 지폐랍니다. 우리나라의 지폐는 100퍼센트 면으로 만든 것이에요. 면은 여러 번 접고 펴도 쉽게 찢어지지 않을 만큼 강해서 지폐로는 가장 적합하다고 해요. 또 우리나라의 지폐 용지는 그 성능이 우수해서 세계 여러 나라에 수출하기도 한답니다.

13

열매로 옷감을 물들일 수 있다?

열매는 맛있는 음식이기도 하지만, 옷감을 물들일 수 있는 염색 물감으로도 아주 훌륭해요. 열매를 이용한 염료는 색도 곱고 다양한 효과도 가지고 있거든요. 식물의 열매처럼 자연에서 얻은 염색 물감을 '천연염료'라고 합니다. 천연염료는 종류가 굉장히 다양해요. 그중에 우리가 제일 잘 알 만한 천연염료로 쓰이는 열매는 치자 열매와 감 열매랍니다.

치자나무의 열매는 물에 우려냈을 때 노란색의 천연염료가 되지요. 치자 물은 독성이 없고 색깔이 무척이나 아름다워요. 그리고 치자로 물들인 옷감은 오랫동안 색깔이 변하지 않고, 나쁜 균이 들어와도 물리칠 수 있다고 해요. 또 치자에서 얻은 치자 색소로는 단무지를 만들기도 해요. 유난히 노란 치자 단무지는 잘 상하지도 않고 보기도 좋아요.

1. 치자 2. 치자 열매 3. 노란색 치자물

감 열매 또한 훌륭한 천연염료예요. 덜 익은 초록색의 감을 으깨서 즙을 내고, 즙에 옷감을 주물러서 햇볕에 말리기를 반복하면 노랑과 주홍 중간쯤 되는 감색 옷감이 탄생해요. 이 감색 옷감으로 만든 옷을 갈옷이라고 합니다. 갈옷은 쉽게 썩지 않고 바람도 잘 통해서 여름철 옷으로 좋아요. 게다가 자외선을 막아 주고, 피부에도 좋아 훌륭한 옷이랍니다.

이처럼 천연염료로 물들인 옷감은 염료의 재료가 가지고 있는 좋은 성분까지 이용할 수 있어서 건강에도 좋은 진짜 웰빙 제품인 셈이에요.

열매 말고 잎이나 꽃, 줄기, 뿌리도 천연염료가 될 수 있어요. 쪽의 잎은 '인디고'라고도 하는 파란색을, 잇꽃의 꽃은 빨간색을, 황벽나무의 줄기는 노란색을, 지치의 뿌리는 보라색을 내는 천연염료랍니다.

천연색소

식물에서 얻은 색소는 다양한 곳에 사용됩니다. 앞에서 말한 것처럼 옷감을 물들이거나 종이를 물들일 때 말고 음식을 만들 때에도 쓰이지요. 알록달록 고운 빛깔의 무지개떡을 본 적이 있을 거예요. 무지개떡을 만들 때 쓰이는 것 가운데는 식물에서 얻은 천연염료가 있어요.

비트나 오미자에서 얻은 빨간색, 콩에서 얻은 검은색, 복분자에서 얻은 보라색, 찻잎에서 얻은 초록색 등 다양한 재료에서 나온 빛깔들은 음식에 들어가 요리를 한층 맛있게 만들어 주고, 더욱 먹음직스럽게 보이도록 해 준답니다.

1. 검정콩 2. 비트

14

모든 씨앗에서는 기름이 나온다?

　우리가 식물의 씨앗으로부터 얻을 수 있는 기름은 생각보다 훨씬 많아요. 흔히 사용하는 옥수수기름이나 참기름, 들기름, 포도씨기름 외에도 호두기름, 아몬드기름 등이 씨앗으로부터 얻은 기름이에요. 이런 기름들은 몸에 좋은 성분이 많이 들어 있어서 웰빙 음식으로도 인기가 높아요.

　씨앗으로부터 얻은 기름은 주로 식용으로 사용하지만, 다른 용도로도 사용해요. 화장품이나 비누의 원료로 사용하는 살구씨기름이나 복숭아씨기름이 그 예이지요. 하지만, 살구와 복숭아 씨앗에는 독이 있어서 먹으면 안 돼요. 그런데 이보다 더 위험한 씨앗의 기름이 있어요. 그것은 '아주까리'라고 하는 피마자 씨앗의 기름이랍니다. 피마자 씨앗에는 라이신(리신)이라는 독이 있어요. 라이신은 맹독으로 알려진 청산가리보다 6천 배나 강한 독으로 식물에서 얻는

1. 참깨 2. 들깨 3. 아몬드 4. 복숭아 씨앗 5. 피마자 6. 피마자 씨앗

독 중에서 제일 강력한 독이라고 합니다. 그래서 아주 적은 양으로도 사람을 죽일 수가 있어요. 더구나 해독제가 없어서 더 위험해요.

실제로 영국 런던에서 버스정류장에 서 있던 한 유명인사가 라이신으로 암살되기도 했어요. 지나가던 사람이 우산 끝으로 그를 살짝 찔렀는데 이를 대수롭지 않게 여기던 그는 며칠 후 사망했다고 해요. 결국, 그는 우산 끝에 묻어 있던 라이신에 의해 살해당한 것이었어요.

무서운 독이 있다는 것을 익히 알고 있었지만, 피마자 씨앗의 기름은 4천 년 전부터 초, 비누, 산업용 윤활유, 왁스 등 다양한 곳에 사용됐어요. 피마자 씨앗에서는 다른 씨앗에서보다 쉽게 더 많은 양의 기름을 얻을 수 있었거든요. 그렇다면 피마자 씨앗의 강력한 독은 어찌하느냐고요? 기름을 짤 때 열을 가하면 열에 약한 라이신의 독성이 파괴되기 때문에 걱정하지 않아도 된답니다.

그런데 피마자 씨앗은 왜 이리도 강력한 독을 품고 있는 걸까요? 그것은 씨앗이 동물에게 먹히는 것을 막기 위한 것이에요. 이렇게 강력한 독을 품은 씨앗은 어떤 동물도 먹으려고 하지 않으니까요. 피마자는 씨앗을 지키기 위해 무시무시한 방법을 발달시킨 것이랍니다.

15

벼, 밀, 옥수수 열매가 사라지면 우리도 사라진다?

    식물은 우리에게 먹을 수 있는 음식을 주는 고마운 존재입니다. 식물의 뿌리에서부터 줄기, 잎, 꽃, 열매까지 우리는 식물의 모든 것을 먹고 있지요. 우리가 매일 먹는 쌀도 벼라는 식물에서 나온 것이고요. '세계 3대 곡물'이라고 들어 본 적이 있나요? 그것은 전 세계적으로 사람들이 가장 많이 먹는 쌀과 밀 그리고 옥수수를 가리키는 말이에요. 이 세 가지 식물의 열매는 모든 식품 중에서 가장 중요한 식량으로 오래전부터 널리 이용되어 왔어요.

    사람들은 신석기 시대부터 벼농사를 지어 쌀을 먹었다고 해요. 쌀은 풍부한 탄수화물과 단백질 그리고 각종 비타민이 들어 있어서 아주 훌륭한 음식이지요. 현재 전 세계 인구의 절반 정도가 밥으로 쌀을 먹고 있답니다. 또 밀은 가루로 만들어져 빵이나 면 등 다양한 음식의 재료로 쓰이고, 옥수수는 밀 다음으로 세계에서 가장 많이 생

1. 밀 2. 벼 3. 옥수수

산되는 곡물이에요.

옥수수는 빵을 만들 때 쓰기도 하고 그냥 쪄서 먹기도 하지요. 또한, 오늘날 옥수수는 가축의 사료로도 많이 사용되고 있답니다.

전 세계 절반이 넘는 사람들이 쌀과 밀 그리고 옥수수를 주식으로 살아가고 있어요. 만약 벼와 밀, 옥수수가 사라진다면 많은 사람들이 굶어 죽을지도 몰라요. 이 3대 곡물 이외에도 과일이나 채소 등 우리는 식물을 먹고 살아가고 있다고 해도 지나치지 않아요. 이처럼 식물은 우리가 살아가는 데 없어서는 안 되는 소중한 것이랍니다.

16

바나나는 씨앗이 없다?

바나나의 열매 속에는 딱딱한 씨앗이 하나도 없어요. 그래서 바나나를 먹을 때 부드러운 감촉만 느껴지지요. 식물은 씨앗을 멀리 퍼뜨리기 위해서 맛있는 열매를 만드는 건데, 그럼 바나나는 씨앗도 없는데 왜 맛있는 열매를 만든 걸까요?

사실 먼 옛날 바나나 열매 속에는 까맣고 맛이 고약한 씨앗이 가득했어요. 이렇게 씨앗이 많은 바나나는 먹기가 어려웠지요. 하지만 과육은 참 달콤하고 맛있었어요. 그래서 사람들은 씨앗이 없는 바나나를 만들기로 했지요.

그 결과 오랜 세월에 걸쳐 바나나의 품종은 여러 번 새롭게 바뀌었고, 결국 오늘날과 같은 씨앗이 없는 바나나가 나오게 됐어요. 그런데 씨앗이 없는 바나나가 어떻게 대를 이어 지금까지 살아올 수 있었던 걸까요? 씨앗도 없이 어떻게 번식한 것이지요?

1. 바나나 꽃 2. 바나나 속

씨앗이 없는 바나나는 당연히 씨앗으로 번식할 수는 없어요. 대신 바나나 나무는 뿌리나 줄기로도 번식할 수 있기 때문에 씨앗 없이 뿌리나 줄기를 잘라 심는 것만으로 쉽게 수를 늘릴 수 있었지요. 그래서 우리가 씨앗이 없는 바나나를 늘 먹을 수 있는 것이랍니다.

겨울에 많이 먹는 귤도 원래는 그 안에 씨앗이 많았는데 오랜 시간에 걸쳐서 거의 씨앗이 생기지 않는 품종으로 만든 것이에요. 그래서 오늘날에는 씨앗이 없는 귤을 먹을 수 있게 됐답니다.

17

모든 열매는
가을에 익는다?

모든 꽃이 봄에 펴서 가을에 열매를 맺을까요? 물론 아니랍니다. 어떤 꽃은 봄에 피기도 하고, 어떤 꽃은 겨울에 피기도 하지요. 그리고 꽃이 피는 계절이 다르니 열매를 맺는 계절도 다 제각각이랍니다.

일찍 꽃이 피는 딸기와 앵두는 봄에 열매를 맺어요. 그리고 수박, 참외, 가지, 토마토, 자두, 살구, 복숭아 등의 식물은 여름에 열매를 맺지요. 또 사과나 배, 감, 밤, 대추, 은행, 고추 등은 흔히 가을에 열매를 맺고, 우리가 좋아하는 귤은 겨울에 열매를 맺는 대표적인 식물이랍니다. 이처럼 식물마다 열매를 맺는 계절이 다양해요.

하지만, 열매가 익는 계절에만 꼭 그 열매를 먹을 수 있는 것은 아니에요. 예를 들어 잘 익은 사과를 꼭 가을에만 먹을 수 있는 것은 아니지요. 시장에 가면 여름이나 겨울에도 사과를 볼 수 있어요. 이것은 식물을 기르는 기술이 발전되어 비닐하우스나 온실에서도 식물

1. 앵두(봄 열매) 2. 수박(여름 열매) 3. 배(가을 열매) 4. 귤(겨울 열매)

을 기를 수 있기 때문입니다.

특히 사과 같은 경우에는 저장하는 기술이 발달해서 가을에 딴 사과를 다음 해 여름에도 먹을 수 있어요. 식물은 자신의 꽃이 가장 잘 꽃가루받이를 할 수 있는 계절에 꽃을 피우고, 자신의 씨앗이 가장 잘 퍼질 수 있는 계절에 열매를 맺곤 했어요. 하지만, 요즘은 재배기술의 발달 덕분에 밤과 낮의 길이, 기온의 변화 등 식물이 원하는 다양한 조건을 맞춰 줄 수 있기 때문에 식물은 일 년 내내 언제나 꽃을 피우고 열매를 맺을 수 있게 되었답니다.

18

식물은 씨앗이나 포자 없이도 번식할 수 있다?

　식물은 씨앗이나 포자 말고 다른 방식으로 번식하기도 해요. '영양번식'이라고 하는 이 방식은 식물이 씨앗이나 포자가 아닌 잎이나 줄기, 뿌리로 번식하는 방법을 말해요. 영양번식으로 번식할 수 있는 예를 몇 가지 살펴볼게요.

　먼저 잎으로 번식할 수 있는 식물로 아프리칸바이올렛이 있어요. 잎 하나를 떼어다가 흙에 심으면 또 하나의 아프리칸바이올렛이 자란답니다.

　그리고 줄기로 번식을 할 수 있는 식물에는 감자, 마늘, 개나리 등이 있어요. 감자에는 '눈'이라는 오목하게 패인 자국이 있는데, 이 눈에서 작고 어린싹이 돋아나요. 감자를 눈이 있는 조각으로 잘라 심으면 싹이 나고 또 다른 감자로 자라지요. 그래서 실제로 감자를 재배할 때 씨앗을 심기보다 감자의 눈을 잘라서 심는 방법을 많이 쓴답니

1. 아프리칸바이올렛 2. 감자 눈에서 나온 싹

다. 또 마늘을 한쪽 떼어 내서 심어도 뿌리가 나오고 잎이 나와요.

잎이나 줄기가 아닌 뿌리로 번식하는 식물에는 고구마가 있어요. 우리가 먹는 고구마는 뿌리인데, 그 고구마 하나를 땅에 심으면 싹이 나오고 잎도 자란답니다.

또 주아 또는 살눈이라고 하는 특이한 구조로 번식이 가능한 식물로 참나리가 있어요. 참나리의 잎겨드랑이에 달리는 검은색 구슬 모양의 주아는 씨앗처럼 땅에 떨어져서 뿌리가 나오고 새싹이 난답니다.

이렇게 식물이 씨앗이 아닌 잎이나 줄기, 뿌리로 번식하는 이유는

1. 마늘에서 돋아난 뿌리와 잎   2. 고구마에서 돋아난 줄기와 잎   3. 참나리 잎겨드랑이에 난 주아

무엇일까요? 그것은 씨앗으로 번식하기에 불리한 환경에 놓인 식물들이 자손을 남기기 위해서입니다. 씨앗을 맺기 위해서는 꽃을 피워야 하고, 꽃가루받이가 이루어져야 하며, 수정이 되어야 하지요. 이 긴 과정보다 자신의 일부분을 또 하나의 식물로 자라게 하는 방법이 훨씬 쉬워요. 그래서 식물은 만약의 경우를 대비해 영양번식법을 개발한 것이랍니다.

접붙이기

과수원에 아주 맛있는 사과가 열리는 나무가 있어요. 어떻게 하면 이 나무와 똑같은 사과가 열리는 나무를 또 얻을 수 있을까요? 방법은 간단해요. 맛있는 사과가 열리는 나무의 줄기를 잘라서 다른 나무의 줄기에 붙이면 된답니다. 그러면 그 나무에서도 맛있는 사과가 열리는 나무의 줄기가 자라고 그와 똑같은 사과를 얻을 수 있어요.

'접붙이기'라고 하는 이 기술은 꽤 오래 쓰인 방법으로 우수한 품종을 번식시키는 방법이에요. 또 비슷한 종류의 나무를 접붙이기해서 두 가지 식물을 함께 기를 수도 있어요. 사진에 있는 두 가지 꽃이 피는 나무를 만들 때처럼 말이에요. 이 기술은 선인장에 많이 쓰이기도 하고, 호박과 오이, 또는 호박과 수박을 접붙일 때 쓰이기도 해요.

1. 두 가지 꽃이 피는 나무 2. 접붙이기 한 선인장

4장

생활과 환경

1
햇빛이 많이 비칠수록 식물이 잘 자란다?

어느 정도 자란 두 개의 강낭콩 화분을 햇빛이 있는 창가와 햇빛이 없는 그늘에 두었다면 어느 곳의 강낭콩이 더 잘 자랄까요? 식물은 햇빛을 받아 양분을 만드니까 당연히 창가에 둔 강낭콩이 더 잘 자라겠지요. 햇빛을 받은 강낭콩은 잎이 크고 두꺼우며 진한 녹색을 띠지만, 햇빛을 받지 못한 강낭콩은 잎이 작고 얇으며 연한 녹색을 띠어요. 그리고 햇빛을 받지 못한 강낭콩을 창가로 옮기면 연한 녹색이던 식물이 녹색으로 변하면서 다시 튼튼하게 자라지요.

이처럼 강낭콩이 햇빛을 받았을 때 더 잘 자라는 이유는 강낭콩이 건강하게 자라는 데에 햇빛이 꼭 필요하기 때문이랍니다. 우리가 음식을 먹어야 살 수 있는 것처럼 식물은 햇빛을 받아야 광합성으로 양분을 만들어 살 수 있으니까요. 그러나 너무 강한 햇빛은 오히려 식물을 힘들게 해요. 너무 따가운 햇빛이 계속 비치게 되면 식물 안

햇빛이 비치는 방향으로 기울어진 줄기

에 있는 물이 말라 버릴 수 있을 뿐만 아니라 심하면 화상을 입을 수도 있으니까요.

해가 쨍쨍 비춘다고 해도 식물이 해를 향해 있지 않으면 그늘에 둔 식물과 다르지 않을 거예요. 그래서 식물은 해가 있는 쪽으로 몸을 구부려 더 많은 햇빛을 받으려고 하지요. 이렇게 식물이 해를 향해 굽어 자랄 수 있는 것은 줄기 끝에 옥신이라는 성장호르몬 덕분이에요. 옥신은 해가 비치는 반대편으로 가서 그 부분을 쑥쑥 자라게 해요. 그러면 줄기는 해가 있는 쪽으로 굽어 자라게 된답니다. 해바라기 꽃이 해를 따라 고개를 움직이는 것도 실은 옥신이 하는 일이에요.

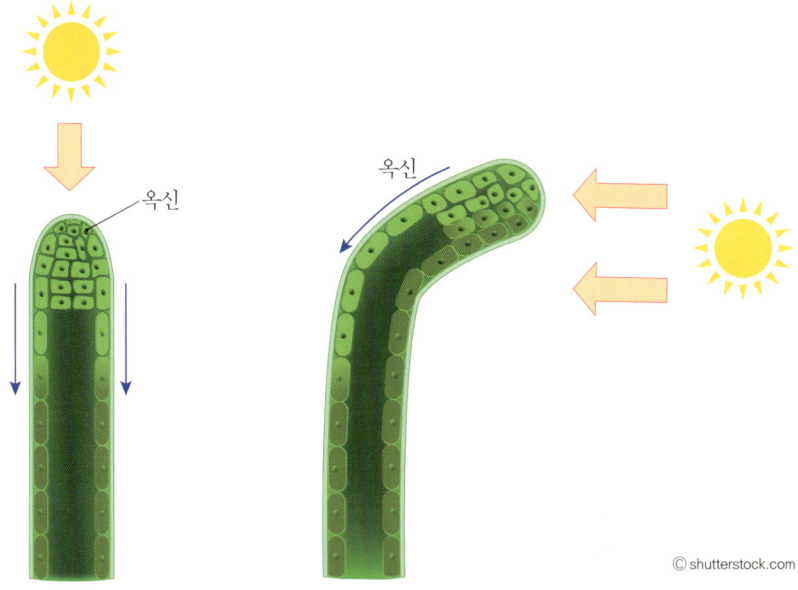

옥신은 어린 식물이 한창 클 때 활발히 활동해요. 왜냐하면, 식물이 어릴 때는 많은 양분이 필요하기 때문에 줄기가 해를 향해 있는 것이 훨씬 좋으니까요. 그러다가 식물이 모두 다 자라고 난 다음에는 옥신도 더는 활동하지 않아요. 그래서 다 자란 줄기는 해가 움직여도 가만히 서 있을 뿐 해를 따라가지 않지요. 해바라기뿐만 아니라 대부분의 식물은 왕성하게 자라는 어린 시절에만 해를 따라 고개를 움직이고, 다 자라서는 움직이지 않고 가만히 있답니다.

2

식물은 봄이 왔다는 걸 어떻게 알까?

추운 겨울을 이겨 내고 꽃망울을 터뜨리는 식물을 보면서 우리는 봄이 왔다는 걸 알 수 있어요. 그런데 식물에게는 누가 봄이 온 걸 알려 준 걸까요? 달력도 시계도 없는데 식물은 무얼 보고 꽃을 피우는 걸까요? 이 궁금증을 해결하기 위해서는 '광주기성'이란 말을 알아야 해요.

광주기성은 식물이 밤과 낮의 길이를 느끼고 반응하는 것을 말해요. 봄이나 여름은 밤보다 낮의 길이가 길고, 가을과 겨울은 낮보다 밤의 길이가 더 길지요. 식물은 이런 밤과 낮의 길이가 얼마나 길고 짧은지를 알고 꽃을 피운답니다. 개나리와 진달래, 할미꽃은 밤이 짧아지고 낮이 길어지는 봄에 꽃을 피우는 식물들이에요. 반면에 국화나 코스모스, 벼는 낮이 짧아지고 밤이 길어지는 가을에 꽃을 피우는 식물들이지요.

· 밤이 길어질 때 피는 꽃 ·   · 낮이 길어질 때 피는 꽃 ·

1. 국화   2. 개나리   3. 코스모스   4. 진달래   5. 벼   6. 할미꽃

우리나라와 같이 사계절이 뚜렷한 곳에 사는 식물들은 대부분 광주기성을 가지고 있어요. 계절이 바뀌는 것을 밤과 낮의 길이로 알아채는 식물의 능력이 대단하지요?

밤과 낮의 길이를 알아채는 게 가능한 것은 식물 표면에 특별한 물질이 있기 때문이에요. 이 물질은 빛을 흡수하는 특별한 색소 단백질이지요. '피토크롬'이라고 하는 이 특별한 색소는 빛을 느끼고 빛이 비치는 낮이 얼마나 긴지, 빛이 없는 밤이 어느 정도 계속 됐는지를 식물에게 알려 주지요. 그럼 식물은 낮과 밤의 길이가 어느 정도 되는지 알 수 있답니다.

피토크롬에 의한 광주기성은 국화를 비롯한 여러 종류의 꽃을 재배하는 데 아주 유용하게 쓰이기도 해요. 예를 들어 어떤 계절이라도 온실 안을 가을과 같은 밤과 낮의 길이로 만들어 주면 국화는 가을인 줄 알고 계속 꽃을 피우거든요. 광주기성은 일 년 내내 국화꽃을 키울 수 있는 비법인 셈이에요.

이와 마찬가지로 피우고 싶은 꽃에 맞춰 밤과 낮의 길이를 조절해 주면 어느 계절이라도 꽃을 피우도록 만들 수 있어요. 하지만, 식물이 광주기성 하나만으로 꽃을 피우는 것은 아니에요. 일 년 동안 낮의 길이가 거의 변하지 않는 열대 지방에 사는 식물들은 광주기에 영향을 거의 받지 않아요. 열대 지방에서 온 오이나 토마토, 해바라기, 옥수수, 양파는 밤낮의 길이에 영향을 받지 않고 온도나 다른 요인들에 의해 꽃을 피운답니다.

또 몇몇 봄꽃은 온도를 측정해서 꽃을 피워요. 이 식물들은 겨울처럼 낮은 온도를 겪은 후에야 꽃을 피우지요. 대체로 겨울이 지난 뒤 꽃을 피우는 식물들이 이에 속해요.

　겨울이 지나가지도 않았는데 꽃을 피우면 꽃이 얼어 죽을 수 있어요. 그래서 이 식물들은 겨울이 왔다가 지나간 것처럼 낮은 온도를 겪은 후에야 꽃을 피우지요. 그래서 간혹 지독한 추위가 지나가고 일주일 정도 포근한 날씨가 계속되면 때 이른 봄꽃을 만날 수 있기도 해요. 추위가 지나간 뒤 꽃이 피는 꽃들은 온도를 조절해 주면 꼭 봄이 아니라도 볼 수 있겠지요?

3

식물도
잠을 잔다?

 식물도 우리처럼 잠을 잘까요? 모든 식물이 우리와 같은 잠을 자는 건 아니지만, 식물도 밤이 되면 모든 활동을 멈추고 푹 쉬곤 해요. 식물이 쉬는 모습을 본 적이 없다고요? 그럼 예를 들어 줄 테니 귀 기울여보세요.

 식물이 밤에 자는 것을 '취면운동(수면운동)'이라고 해요. 취면운동은 잎이나 꽃이 밤이 되면 오므라들거나 아래로 처지는 현상을 말해요. 예를 들어 자귀나무나 미모사, 괭이밥의 잎이 낮에는 펴져 있다가 밤이 되면 접히는 현상이지요.

 또 민들레의 꽃은 낮에는 활짝 펴 있다가 밤이 되면 오므라들어요. 이처럼 밤이 되면 힘을 빼고 쉬면서 잠을 자는 것처럼 보이는 취면운동은 사실 잠보다는 운동에 가까워요. 밤에는 꽃가루받이나 증산 작용이 거의 일어나지 않기 때문에 꽃이나 잎이 활짝 피어 있을

1. 자귀나무 잎(낮)   2. 자귀나무 잎(밤)   3. 민들레(낮)   4. 민들레(아침)

필요가 없어요. 그래서 식물은 밤이 되면 꽃과 잎을 접고 아침이 오기를 기다리지요.

또 식물들은 겨울이 오면 곰의 겨울잠과 같은 휴면에 들어가요. 가을까지 왕성하게 활동하던 식물이 겨울이 되면 활동을 중지하고 휴식을 취하는 것이지요. 휴면할 때 식물은 잎을 떨어뜨리고 단단한 껍질의 겨울눈을 만들어 추운 날을 보내요. 그러다가 다음 해 봄이 오면 다시 기지개를 켜고 깨어나서 새싹을 틔우고 활동한답니다.

미모사

어떤 자극에 빠르게 반응하는 식물의 대표는 미모사랍니다. 미모사는 잎을 건드리면 바로 밑으로 처지면서 작은 잎이 오므라들어 시든 것

처럼 보여요. 왜 그럴까요?

그것은 잎을 자꾸 먹어 버리는 동물을 속이기 위한 것이에요. 햇빛을 받기 위해 활짝 펼쳐져 있는 미모사의 잎은 참 싱싱해 보여요. 초식동물에게 이런 잎은 시들어서 축 처져 있는 잎보다 훨씬 맛있게 보이지요.

그래서 초식동물이 잎을 자꾸 먹어 버리자 미모사는 속임수를 쓰기로 했어요. 그것은 동물이 잎을 건드렸을 때 시든 척 재빨리 고개를 숙여 버려서 동물의 입맛을 확 떨어뜨리는 것이에요. 동물이 지나가고 난 다음에 미모사는 천천히 잎을 펴고 다시 햇빛을 받는답니다.

4

식물은
수다쟁이다?

여러분들은 식물이 하는 말을 들어 본 적이 있나요? 아마도 모두 못 들어 봤다고 할 거예요. 그렇다면 숲에 가 본 적이 있나요? 숲에 가 본 친구라면 식물이 하는 말을 분명 들었을 텐데요. 다만 그것이 냄새로 다가온다는 것을 몰랐겠지요.

숲 속에 가면 온몸으로 맡아지는 상쾌한 냄새! 바로 이 냄새로 식물은 수다쟁이처럼 얘기해요. 이 냄새의 정체가 무엇이냐면 식물들이 내뿜는 향기 물질인 피톤치드랍니다. 사람에게는 향기롭게 느껴지곤 하는 피톤치드는 사실 식물에게 아주 중요한 신호 물질이에요. 식물은 피톤치드를 내뿜어서 많은 얘기를 하지요.

먼저 식물은 뿌리나 줄기에 기생하려는 균과 잎을 갉아먹으려는 곤충에게 피톤치드를 내보내며 '다가오지 마!'라고 소리쳐요. 그럼 식물을 해치려고 오던 균과 곤충은 멀리 달아나 버리지요.

또 애벌레가 잎을 갉아먹으면, 식물은 피톤치드를 내뿜어 옆에 있는 식물들에게 알려요. '큰일 났어! 애벌레의 공격이야! 준비들 단단히 해 둬!'라고요. 그럼 이 소식을 들은 식물들은 애벌레가 싫어하는 물질을 잎 속 가득 만들기 시작해요. 이 사실을 모르는 애벌레는 옆에 있는 식물을 먹으러 갔다가 잎을 한 입 깨어 물고는 퉤퉤하고 가 버리지요. 만약 먼저 먹힌 식물이 그 사실을 알리지 않았다면 다른 식물들도 꼼짝없이 당하고 말았을 거예요.

1. 숲 2. 소나무 숲 3. 잎을 갉아먹는 애벌레

식물이 피톤치드로 하는 말은 또 있어요. 자신이 사는 곳에 다른 식물이 침투하려고 하면 역시나 피톤치드를 내뿜어 경고한답니다. '여기는 내 땅이야! 다른 곳으로 가 버려!'라고요. 자기 땅을 확실히 지키고 싶어 하는 식물의 대표주자가 바로 소나무예요. 소나무는 다른 식물에 비해 엄청나게 많은 양의 피톤치드를 내뿜지요. 어찌나 지독하게 뿌려 대는지 다른 식물은 싹도 틔우기 어려워요. 그래서 소나무 숲에는 소나무 말고 다른 식물들이 거의 살지 못해요. 잘게 자른 소나무의 줄기를 바닥에 뿌리기만 해도 다른 식물들이 자라지

못할 지경이랍니다.

이렇게 식물은 자신을 지키기 위해서 피톤치드를 이용하여 수다쟁이가 되곤 합니다. 그런데 식물의 언어인 피톤치드가 우리에게는 아주 좋은 것이랍니다. 사람이 피톤치드를 맡으면 몸에 있는 나쁜 균이나 해충이 없어지고 면역력이 강화된다고 해요. 또 아토피 같은 피부질환에도 좋은 효과가 있답니다.

특히 나무가 내뿜는 피톤치드는 피로회복에 좋으며 머리가 맑아지고 기분을 상쾌하게 해요. 그래서 우리는 숲속에서 숨을 깊게 쉬는 것만으로도 몸으로 피톤치드가 가득 들어와 기분이 상쾌해질 뿐 아니라 몸도 건강해질 수 있지요. 자 이제 여러분도 숲속에 가서 숨을 깊게 마시면서 식물이 어떤 얘기를 하는지 귀 기울여 보는 건 어떨까요?

고추의 매운맛

식물은 저마다 자신을 해치려는 적을 막기 위한 전략을 세워 왔어요. 고추의 매운맛도 그런 전략의 하나랍니다.

고추는 주로 새가 먹고 씨앗을 멀리 퍼뜨려 줘요. 그런데, 새가 먹기도 전에 곰팡이가 쳐들어와서 자꾸 씨앗을 썩게 만들지 뭐예요. 그래서 고추는 곰팡이가 싫어하는 캡사이신이라는 매운 물질을 만들어 냈어요. 캡사이신을 품게 된 고추에게는 더 이상 곰팡이가 쳐들어 올 수 없었답니다.

 덕분에 고추를 넣은 음식은 곰팡이가 자라지 못해 쉽게 썩거나 상하지 않는다고 해요. 김치를 생각해 보세요. 김치가 썩는 걸 본 친구는 드물 거예요. 그럼 새는 매운 고추를 어떻게 먹느냐고요?

 고추가 만들어 내는 캡사이신은 곰팡이는 싫어하지만, 새들은 전혀 싫어하지 않아요. 왜냐하면 새들은 캡사이신의 맛을 느끼지 못하거든요. 그래서 새들은 매운 고추도 냠냠 맛있게 먹고 고추의 씨앗을 퍼뜨려 준답니다.

반으로 자른 고추의 속

5

코끼리는 어떻게 풀만 먹고 살까?

　우리가 세끼를 풀만 먹는다면 얼마 지나지 않아서 힘없이 쓰러지고 말 거예요. 그런데 우리보다 훨씬 덩치가 큰 코끼리는 어떻게 풀만 먹고 살까요? 코끼리뿐 아니라 소나 코뿔소, 기린, 말, 노루, 사슴, 토끼도 풀만 먹고 살아요. 이렇게 풀만 먹고 사는 동물을 초식동물이라고 하지요.

　초식동물이 식물의 잎이나 열매 등 식물만을 먹고도 잘 살아갈 수 있는 이유는 맷돌처럼 생긴 어금니와 특별한 소화기관 때문이에요. 사람은 거칠고 질긴 풀을 잘 소화시킬 수 없고, 소화시킨다고 해도 풀만으로는 단백질이나 지방 같은 다양한 영양소를 얻을 수 없어요. 하지만, 초식동물은 맷돌처럼 생긴 어금니로 질긴 풀을 잘게 부술 수 있을 뿐만 아니라 위나 맹장 속에 풀을 소화해 주는 박테리아가 살고 있어서 풀에서도 단백질이나 지방 같은 영양소를 얻을 수 있게

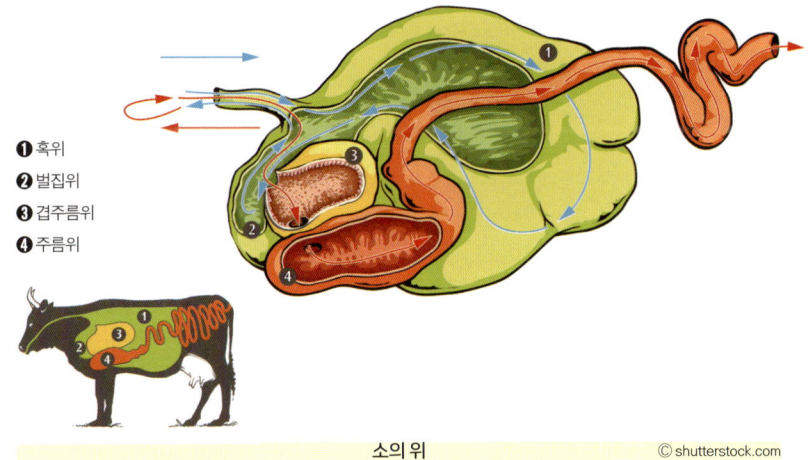

❶ 혹위
❷ 벌집위
❸ 겹주름위
❹ 주름위

소의 위 ⓒshutterstock.com

해 줘요.

　우리와는 다른 특별한 소화기관을 가진 대표적 동물인 소에 대해서 한번 알아보아요. 소의 위는 네 개로 이루어져 있어요. 이 위는 질긴 풀이 모두 소화될 수 있도록 특수화된 위랍니다. 먼저 소가 먹은 풀은 네 개의 위 가운데 첫 번째 위인 혹위 안으로 들어가요. 이때 혹위 안에는 거칠고 질긴 잎을 잘게 분해해 주는 세균이 많이 있지요. 그리고 첫 번째 위에서 소화되지 않은 풀은 다시 입으로 올라가고, 소는 이것을 씹어서 두 번째 위인 벌집위로 보내요. 벌집위로 보내진 풀은 그곳에서 어느 정도 부서진 후 세 번째 위인 겹주름위와 네 번째 위인 주름위까지 거치면서 비로소 완전히 소화됩니다. 그리고 마지막 위인 주름위에서는 우리의 위처럼 소화액이 나와서 풀을 모두 소화시켜요. 이런 복잡한 과정은 거의 3일이나 걸려요. 하지만, 이런 과정을 통해 소는 풀에 들어 있는 모든 영양분을 섭취할 수 있지요.

1.소 2.말 3.노루 4.토끼

 소의 위처럼 특수한 소화기관은 초식동물에게는 꼭 필요한 것이에요. 원래 초식동물들은 언제 어디서 호랑이나 사자에게 잡혀 먹힐지 모르기 때문에 일단 재빨리 음식을 먹어야 했어요. 하지만, 너무 빨리 먹은 음식은 소화가 잘되지 않았지요. 그래서 안전한 장소에 가서 천천히 되새김질하여 소화를 시키는 방법을 쓰는 것이랍니다.

6

식물은 물속에서도 숨을 쉰다?

 여러분은 물속에서 숨을 쉴 수 있나요? 산소마스크가 없다면 아마 몇 분도 참기가 힘들 거예요. 그런데 식물은 물에서도 숨을 쉬고 살 수 있어요. 사실 물에서 살아가는 것은 산소와 이산화탄소를 흡수하기가 어렵기 때문에 힘든 일이에요. 하지만 물에 사는 식물들은 여러 가지 방법을 써서 잘 살아가고 있지요. 이렇게 물에서도 잘 살아가는 식물들을 수생식물이라고 해요. 수생식물에는 어떤 것들이 있는지 알아볼까요?

 먼저 물속에 푹 잠겨서 살아가는 수생식물이 있어요. 물수세미나 검정말, 나사말, 붕어마름 등이 그래요. 이 식물들은 부드러운 잎을 펼쳐서 물속에 녹아 있는 공기를 몸 전체로 흡수해서 숨을 쉬어요. 또 줄기가 가늘고 부드러워서 물이 어느 방향으로 흐르던 잘 부러지지 않지요.

· 물속에 잠겨서 사는 수생식물-침수식물 ·

1. 물수세미   2. 검정말   3. 나사말

그 다음으로 수생식물 중에는 물위에 둥둥 떠서 사는 식물도 있어요. 개구리밥이나 물상추, 부레옥잠, 통발이 물 위에 떠서 살아간답니다. 이때 개구리밥 잎 뒷면과 부레옥잠의 잎자루에는 공기주머니가 있어서 물에 쉽게 뜰 수 있어요. 또 수염처럼 생긴 뿌리가 균형을 잡는 데 도와주지요.

· 물위에 둥둥 떠서 사는 수생식물-부유식물 ·

1. 개구리밥   2. 물상추   3. 부레옥잠

그리고 잎과 꽃은 물위에 떠 있지만 뿌리는 물속에 있는 땅에 심어져 있는 수생식물들이 있어요. 수련이나 가래, 마름, 순채 등이 그런 식물들인데, 이 식물들은 잎 뒷면에 공기주머니를 달고 있거나 잎의 윗면에 기공을 만들어서 숨을 쉬어요.

· 잎과 꽃은 물위에 떠 있지만 뿌리는 물속 땅에 있는 수생식물-부엽식물 ·

1. 수련 2. 가래 3. 마름

마지막으로 수생식물 중에는 뿌리는 물속이나 젖은 땅에 심어져 있지만 키가 커서 잎과 줄기가 물위로 높이 자라는 식물들이 있어요. 갈대나 부들, 창포, 연꽃, 줄 등이 그런 식물들이랍니다. 이 식물들은 온 몸에 공기가 지나갈 수 있는 통로를 만들어서 숨을 쉬어요. 특히 연꽃은 몸속에 물위에 있는 잎의 기공에서 들어온 공기가 이동

· 뿌리는 물속에 있지만 잎과 줄기가 물위로 높이 자라는 수생식물-정수식물 ·

1. 갈대 2. 부들 3. 연꽃 4. 창포

할 수 있는 통로가 많이 있어요. 연꽃의 뿌리줄기인 연근을 잘랐을 때 뻥뻥 뚫려 있는 것이 바로 그 공기통로랍니다.

지금까지 알아본 수생식물들은 대부분 진흙이나 습지에 있어서 음침해 보이고 더러워 보일 수도 있어요. 하지만 수생식물들이 있는 곳은 정말 깨끗한 곳이에요. 이 식물들이 물속에 있는 오염물질을 흡수하고 정화해서 물을 깨끗하게 만들어 주거든요. 또 수생식물들은 물가에 있는 흙이 물에 쓸려가 버리지 않게 뿌리로 흙을 꽉 붙잡아 두기도 하고, 여러 동물들의 먹이가 되거나 알을 낳고 살 수 있는 서식처가 되어 주기도 한답니다. 그 동물들은 수생식물이 물에서 숨을 쉬며 살 수 있어서 참 다행이라고 생각할 거예요.

바다에 사는 식물

연꽃, 개구리밥, 부들 등 많은 식물이 연못이나 강에 살고 있어요. 하지만, 같은 물이라고 해도 바닷물에는 소금이 많아서 바다에서 살 수 있는 식물은 많지 않아요. '해초'라고 하는 새우말이랑 거머리말 정도만 바다에 살 수 있답니다.

짠 바닷물 속에서 살아가는 해초는 바다 동물들에게 참 고마운 존재예요. 물고기나 거북이가 적으로부터 숨을 수 있는 장소가 되기도 하고 맛있는 먹이가 되기도 하거든요. 또 광합성으로 만든 산소를 내뿜어주는 해초 덕분에 바다 동물들은 신선한 공기를 마실 수 있답니다.

· 바닷속에 사는 식물 ·

새우말

거머리말

　바닷속이 아닌 바닷가에 사는 식물은 여러 종류가 있어요. 갯메꽃이나 순비기나무, 갯까치수염, 번행초, 퉁퉁마디, 칠면초, 나문재 등의 식물이 바닷가에 살고 있지요. 바닷가는 바람이 무척 강해서 대부분의 식물이 짧은 줄기를 가지고 땅 위를 기어가듯이 자라고 있어요. 그리고 강한 햇빛을 반사시키기 위해서 반짝거리는 잎을 가지고 있기도 해요. 또한, 바닷가의 낮과 밤은 기온 차가 크기 때문에 식물들은 두꺼운 잎을 가지고 있어요. 이처럼 식물들은 저마다 사는 환경에서 살아남기 위해서 열심히 노력한답니다.

· 바닷가에 사는 식물 ·

1. 갯메꽃 2. 순비기나무 3. 갯까치수염 4. 번행초 5. 퉁퉁마디(함초) 6. 칠면초

7

선인장은 건조한 사막에서 어떻게 살아갈까?

 여러분들은 사막이 어떤 곳인지 아나요? 사막은 일 년 내내 비가 거의 오지 않고 바위나 모래만 끝없이 펼쳐져 있는 황무지인 곳이에요. 그래서 식물이 자라기 아주 힘든 곳이지요. 사막에서는 따가운 햇볕을 견디기도 힘든데 더운 날씨에 활발해진 증산 작용 때문에 몸속에 있는 물이 금방 다 말라 버리기 십상이거든요. 그런데 이런 사막의 한가운데서 살아가는 식물이 있어요. 바로 선인장이 그 주인공이지요.

 선인장은 사막에서 살아가기 위해 특수하게 변신시킨 무기를 가지고 있어요. 가시로 변신시킨 잎과 물탱크로 변신시킨 줄기 말이지요. 가시로 된 잎과 물이 가득 든 줄기는 척박한 사막에서 살아남기 위한 무기로는 더없이 좋아요.

 우리가 흔히 알고 있는 넓은 잎에는 기공이 많아서 사막에서 살기

가시로 변한 선인장 잎

물이 가득 담긴 선인장 줄기 속

엔 좋지 않아요. 건조한 날씨에 기공을 잘못 열었다가는 몸속에 있는 물이 다 빠져나가 버리니까요. 그래서 선인장은 넓은 잎을 아주 좁은 가시로 변신시켰어요. 그런데 문제가 생겼지 뭐예요. 가시로 변한 잎에는 엽록체가 없기 때문에 광합성으로 양분을 만들 수가 없었던 거예요. 그래서 이번엔 줄기에 기공을 조금만 만들어서 광합성을 하도록 만들었어요.

그뿐만이 아니에요. 선인장은 줄기에 물을 가득 담아서 물탱크를 만들어 두었어요. 이 물탱크 덕분에 선인장은 비가 오지 않아도 몇 달은 끄떡없지요. 하지만 물이 가득 든 줄기는 사막의 다른 동물들에게 매우 탐나는 것이었어요. 먹이와 물이 별로 없어서 배도 고프고 목도 마른 사막의 동물들은 선인장의 줄기가 탐이 날 수밖에 없었지요.

하지만, 이때 가시로 변한 잎이 또 한 번 선인장의 무기가 되어 준답니다. 줄기를 먹으려고 찾아온 동물들은 이 가시 때문에 선뜻 다가가지 못하고 돌아서야 했거든요.

그리고 사막이 아닌 다른 지역에 사는 식물들이 낮에 광합성을 할 때 기공을 여는 것과는 다르게, 선인장은 밤에 기공을 열어요. 낮에는 워낙 건조하고 온도가 높아서 기공을 잘못 열면 몸속의 물이 모두 증발해 버릴 수 있기 때문이지요.

그래서 선인장은 밤에 기공을 열어 이산화탄소를 받아들여 저장해 놨다가, 낮에 쨍쨍 내려쬐는 햇빛을 이용해 기공을 닫고 광합성을 하지요. 완전 비밀 공장이 따로 없지요?

이처럼 선인장은 특수한 무기와 영리한 전략 덕분에 뜨겁고 건조한 사막에서도 잘 살아갈 수 있는 것이랍니다.

8

추운 남극에도
식물이 산다?

　세계에서 가장 추운 곳은 남극이에요. 그러면 남극에는 식물이 살고 있을까요? 믿을 수 없겠지만, 남극에도 식물이 살고 있답니다. 영하 70도까지 내려가는 엄청난 추위 속에서도 식물은 뿌리를 내리고 꽃을 피워요. 하지만, 남극에서 가장 따뜻한 곳이라고 해도 우리가 흔히 보는 꽃이 피는 식물이나 나무가 자라지는 않아요.

　꽃이 피는 식물이라고는 단 두 종류, 남극개미자리와 남극좀새풀만이 살고 있지요.

　남극에 사는 식물은 대부분 남극구슬이끼 같은 이끼종류랍니다. 이끼는 바위나 땅에 딱 붙어서 살기 때문에 거센 바람에도 살아남을 수 있어요. 또한, 땅에 붙어살며 땅의 열을 이용할 수도 있고, 엉겨 뭉쳐 무리를 지어 자라기 때문에 보온효과도 얻을 수 있지요. 그리고 차가울 것만 같은 눈은 뜻밖에 이불이 되어 추운 날씨에도 따뜻

1. 바위에 붙어 자라는 지의류 2. 땅에 자라는 지의류

하게 이끼를 덮어 준답니다.

 그리고 남극보다는 덜 추운 북극에는 나무와 꽃 피는 식물이 꽤 많이 살고 있어요. 바람이 많이 부는 북극에 사는 식물의 꽃은 바람이 꽃가루받이를 해 주는 풍매화가 대부분이지만, 간혹 벌레를 유혹하는 충매화도 있어요. 자주범의귀나 북극풍선장구채, 북극이끼장구채 같은 충매화들은 짧은 여름에 잠깐 피었다가 지기 때문에 곤충의 눈에 잘 띌 수 있도록 아주 선명한 색깔의 옷을 입고 있답니다.

 남극이나 북극같이 춥고 바람이 강한 곳에 사는 식물들은 작은 키와 잎, 그리고 짧은 가지를 가지고 있어요. 강하게 부는 바람을 견뎌

야하기 때문이지요. 넓은 잎이나 긴 가지를 가지고 있다가는 바람에 찢기고 꺾이기 쉬우니까요.

그래서 작은 덩치를 한 식물들이 서로 옹기종기 모여 마치 양탄자를 깔아 놓은 것처럼 보이기도 해요. 이런 곳에 사는 식물들은 추위와 바람에 해를 입지 않도록 자신을 낮추고 서로 협력해서 살아가는 것이랍니다.

식물은 아니지만, 남극과 북극에 가장 많이 사는 것은 지의류예요. 지의류는 이끼처럼 바위나 땅에 붙어서 살아가는 생물로, 전에는 식물로 보기도 했지요. 하지만, 지금은 지의류라는 이름을 붙여서 또 다른 무리로 나눠요. 지의류는 추운 날씨도, 물기가 없는 아주 건조한 날씨도 잘 견딜 수 있어서 남극이나 북극에서도 잘 살아갈 수 있어요.

9

버섯은 식물일까?

　버섯은 꽃을 피우지 않고 고사리나 이끼처럼 포자로 번식해요. 그래서 포자식물이라고 생각하기 쉽지요. 하지만, 정확히 말해서 버섯은 식물이 아니에요.

　예전에 지구상의 생물을 동물과 식물로만 분류했을 때에는 버섯을 식물로 분류하기도 했어요. 그러나 시간이 흐르고 과학이 발전하면서 동물과 식물이 아닌 다른 종류의 생물이 있다는 걸 알게 되었지요. 그 후 버섯은 곰팡이와 함께 동물도 식물도 아닌 새로운 무리로 분류됐고, 이제는 균류라고 부른답니다.

　균류가 식물과 가장 다른 점은 엽록체가 없어서 스스로 양분을 만들지 못한다는 것이에요. 대신 살아 있거나 죽은 생물에 붙어서 양분을 얻지요. 그렇다고 양분을 빼앗아 가기만 하는 건 아니에요. 균류가 그 생물의 양분을 얻어 쓰는 대신 생물에게 필요한 물이나 무

· 균류-여러 가지 버섯과 곰팡이 ·

1. 노루궁뎅이 2. 달걀버섯 3. 망태버섯 4. 방귀버섯 5. 흰가시광대버섯 6. 딸기에 자란 곰팡이

기물을 가져다주기도 하거든요.

또 숲 속의 땅이 비옥한 건 생태계에서 분해자 역할을 하는 버섯이나 곰팡이 같은 균류 덕분이에요. 균류는 죽은 동물과 식물을 먹고 아주 잘게 쪼개고 분해해서 자연으로 되돌리는 아주 중요한 역할을 하거든요.

만약 균류가 없었다면 지구는 아주 더러워졌을 거예요. 아마도 여기저기에 죽은 동물과 식물이 쌓여만 갔겠지요. 버섯이나 곰팡이가 햇빛이 없는 그늘지고 축축한 곳에 살아서 음침해 보이기도 해요. 그래서 마치 기분 나쁘고 더러운 것처럼 생각되기도 해요. 하지만, 이들은 자연을 깨끗하게 해 주는 아주 착한 친구들이랍니다.

만약 지구가 편지를 쓸 수 있다면 균류에게 수없이 많은 감사 편지를 썼을 거예요. 그 편지의 맨 처음에는 '더없이 상냥하고 고마운 나의 친구에게'라고 쓰여 있었을 거예요.

석이? 석이버섯?

석이라는 말을 들어 본 친구 있나요? 석이는 산에 있는 바위 곁에 붙어서 살아가는 귀 모양의 생물이에요. 바윗돌(石)에 붙어 있는 귀(耳)라는 뜻으로 석이(石耳)라고 부르지요. 사람들은 석이를 석이버섯이라고 하면서 귀한 음식이라고 해요. 위험한 바위에 붙어 있어서 캐는 게 무척 어렵거든요. 그런데 석이버섯이라는 말이 맞는 말일까요?

사실 석이는 버섯인 균류와 광합성을 하는 조류가 함께 엉켜 있는 생물이에요. 그래서 버섯이라고만 부르면 조류가 싫어한답니다. 그래서 이렇게 균류와 조류가 함께 있는 생물을 따로 지의류라고 불러요.

석이(지의류)   털목이(버섯)

지의류들은 대부분 땅이나 바위가 입는 옷처럼 딱 붙어서 살아가기 때문에 이름도 땅의 옷이라는 뜻의 지의(地衣)랍니다.

참! 석이랑 닮았으면서 나무에 달린 귀라는 뜻의 목이(木耳)는 버섯이 맞아요. 중국요리에 많이 쓰이는 목이버섯은 쫄깃한 식감 때문에 정말 맛있답니다.

10

식물의 조상은
바다에 살았다?

　아주 오랜 옛날 생명이 처음 시작될 때 지구는 온통 바다로 뒤덮여 있었어요. 그 바다에서 생명이 생겨나고 오랜 시간을 지나 하나 둘 생물이 나타났지요. 즉, 지구상 모든 생물의 조상이 원시의 바다에서 생겨난 것이랍니다. 식물의 조상도 바다에 살고 있었어요. 지금도 바다에 사는 파래처럼 엽록소를 가지고 광합성을 하는 조류(원생생물)에서 식물의 조상이 나왔다고 해요.

　조류는 바다에 살기 좋은 모습을 하고 있었어요. 곧게 선 줄기가 없어서 물이 흐를 때 꺾이지 않았지요. 또 물속에 있기 때문에 뿌리가 없는 대신 몸 전체로 물을 흡수했어요. 이런 조류 중 일부가 어느 날부터 땅 위로 올라오기 시작했어요.

　하지만, 땅 위의 생활은 그리 쉽지만은 않았답니다. 물속과는 너무나도 다른 땅 위에서 살아가는 것은 무척이나 많은 것을 필요로

했어요. 우선 땅 위에서는 몸을 지탱해 줄 줄기가 필요했어요. 또 따가운 햇볕에 몸이 마르지 않게 보호해 줄 수 있는 보호막과 땅속에 있는 물을 흡수할 수 있는 뿌리가 필요했지요. 결국, 뿌리나 줄기, 잎의 구분이 없던 조류는 땅 위로 올라오면서 땅속의 물을 빨아들이는 뿌리와 몸을 곧게 설 수 있게 해 주는 줄기 등 여러 구조를 갖추게 되었어요.

바다에 살던 조류가 땅 위로 올라와서 드디어 식물로 불리게 된 이끼식물은 광합성을 하며 여러 개의 세포로 된 조직을 이루고, 포자를 이용해 번식하는 등 육상식물의 주요 특징을 갖춘 최초의 식물로 여겨지죠. 하지만 이끼식물은 물을 완전히 떠나서는 살기가 힘들어요. 몸을 지탱해 줄 줄기가 없기 때문에 항상 물기가 있는 바닥에 딱 붙어 살아야 하거든요.

그 후 지구에는 이끼식물에는 없는 관다발을 가진 양치식물이 등장했어요. 고사리와 같은 양치식물은 관다발을 이용해 땅속의 물과 양분을 높은 곳까지 끌어올릴 수 있었기 때문에 이끼식물보다 큰 키를 가질 수 있었지요.

그러던 중 지구에 큰 사건이 일어났어요, 바로 씨앗을 가진 식물이 나타난 거예요. 포자로 번식하던 이끼식물과 양치식물만 있던 식물세계에 처음으로 씨앗으로 번식하는 소나무와 같은 겉씨식물이 출현했답니다.

싹 틔우기 좋은 적당한 환경이 올 때까지 오랫동안이나 껍질 속에서 기다릴 수 있는 씨앗의 등장은 무척이나 획기적인 사건이었어요.

다양한 조류들

그 후에 꽃을 피우고 열매를 맺어 열매 안에 씨앗을 보호하는 속씨식물이 나왔어요.

속씨식물은 지금까지 지구에 나타난 식물 중에 땅 위의 환경에 가장 잘 적응한 식물이에요. 덕분에 지구에 사는 많은 식물 가운데 가장 수가 많아요. 특히 속씨식물이 번성하면서 꽃에 있는 꿀과 꽃가루를 먹이로 하는 곤충 또한 크게 번성할 수 있었어요. 우리가 주위에서 볼 수 있는 많은 식물이 바로 이 속씨식물이지요.

식물은 원시 바다에서 시작해서 점차 땅으로 생활영역을 넓혔어요. 식물이 땅 위로 올라와서 생활공간을 만들고 산소를 내뿜자 그제야 다른 동물들도 땅 위에서 살아갈 수 있었답니다. 식물이 닦아 놓은 바탕 위에 동물들이 꽃을 피운 셈이지요.

식물의 조상

오늘날 땅에 사는 식물의 조상과 가장 가깝다고 알려진 조류는 윤조류예요. 윤조류는 육상식물과 똑같은 엽록소를 가지고 있고, 광합성으로 만든 양분을 녹말로 저장하는 것도 같아요. 또 셀룰로스라는 단단한 세포벽(껍질)도 가지고 있지요. 그래서 현재 물속에서 사는 조류 중 육상식물과 가장 많은 특징을 공유하고 있어요. 윤조류는 물속에 살지만 줄기처럼 생긴 부분이나 잎처럼 생긴 구조도 있고, 건조하거나 어려운 환경에서도 버틸 수 있는 알(접합자)을 만들기도 해요.

겉모습과 살아가는 방식이 육상식물과 비슷한 윤조류는 식물이 어떻게 땅에서 살게 되었는지 알려주는 아주 중요한 단서가 된답니다.

11

대나무는
나무가 아니다?

　겨울에도 초록의 줄기와 잎을 가진 대나무는 나무일까요, 풀일까요? 대나무라고 하니까 나무라고 생각하는 친구들이 많겠지만, 놀랍게도 대나무는 풀이랍니다.

　원래 풀은 겨울이 되면 씨앗을 남기고 죽거나 땅 아래에 있는 부분만 살아남아요. 하지만, 나무는 겨울에도 죽지 않고 땅 위에 초록의 줄기와 잎을 가지고 있지요. 그래서 대나무를 나무로 착각하는 것이에요.

　나무와 풀을 구별하려면 줄기를 봐야 해요. 나무는 잘 발달된 형성층을 가지고 부피생장을 해서 줄기가 계속 두꺼워지지만, 풀은 그렇지 않거든요. 그래서 줄기가 자랄수록 생기는 나이테는 나무에게만 있어요.

　외떡잎식물인 대나무의 줄기를 잘라 보면 나이테도 없고 가운데

대나무 숲

대나무 단면

는 비어 있기까지 해요. 줄기가 계속 두꺼워지는 다른 나무에 비해서 대나무의 줄기는 한번 성장한 후에 더는 두꺼워지지 않는답니다.

게다가 대나무와 함께 가족을 이루고 있는 무리인 '벼과'식물들을 보면 대나무가 풀인 걸 알 수 있어요. 벼과에는 대표적인 벼를 비롯해서 강아지풀, 잔디, 갈대, 옥수수 등이 있거든요. 이 식물들은 모두 풀로 겨울이 되면 대부분 시들어 죽어 버려요. 그래서 이들과 함께 벼과에 속한 대나무는 풀이 확실하답니다.

비록 대나무가 이름처럼 진짜 나무가 아니라고 해도 대나무는 많은 사람들에게 동경의 대상이에요. 겨울에도 죽지 않는 줄기와 추위에도 끄떡없는 멋진 초록색의 잎을 가진 대나무의 모습을 보고 사람들은 지조와 절개를 떠올렸거든요. 어려운 환경이 닥쳐도 꿋꿋하게 자신을 지켜나가는 대나무가 사람들에게 더없이 좋은 본보기가 되었던 것이랍니다.

죽기 전에 피는 꽃

대나무 꽃은 보기가 아주 어려워요. 왜냐하면 대나무는 꽃을 피우고 열매를 맺어서 씨앗으로 번식하는 게 아니라 주로 땅속에 있는 줄기가 옆으로 뻗으면서 번식을 하거든요.

그래서 대나무들은 여기저기 퍼져서 살아가는 것이 아니라 한 곳에 옹기종기 모여서 거대한 숲을 이루고 살아가지요.

물론 대나무도 꽃을 피워요. 다만 숲을 이루고 무리를 지어 살다가 죽기 전에 한번 꽃을 피운다고 해요. 지금까지 살던 숲의 환경이 나빠져서 더는 살기가 어려워지면, 마지막으로 여러 개가 한꺼번에 꽃을 피우고 단체로 죽는다고 하네요. 대나무와 같은 식구인 조릿대도 죽기 전에 꽃을 피워요.

마지막으로 온 힘을 다해 씨앗을 만들어 멀리 퍼뜨리고는 죽는 것이지요. 그래서 이들의 꽃은 반갑기도 하지만 한편으로 슬프기도 해요.

조릿대 꽃

12

벌레를 잡아먹는 파리지옥은 동물일까?

　모두 잘 아는 것처럼 파리지옥이나 끈끈이주걱은 벌레를 잡아먹고 살아요. 어떤 친구는 빠르게 움직여 벌레를 잡아먹는 파리지옥을 동물로 잘못 알고 있기도 해요. 정확히 말해서 파리지옥이나 끈끈이주걱은 벌레를 잡아먹지만, 광합성으로 양분을 만드는 식물입니다. 이런 식물을 식충식물이라고 하지요. 양분을 만들어 낼 수 있는데 왜 벌레까지 잡아먹느냐고요?

　식물은 광합성으로 만든 양분 외에도 건강하게 살아가기 위해서는 흙속의 양분이 필요해요. 하지만, 뿌리에서 흡수하는 양분이 부족한 환경에 사는 식물은 벌레나 작은 동물을 잡아먹어서 부족한 양분을 보충한답니다.

　파리지옥이랑 끈끈이주걱을 예로 들어볼까요? 파리지옥이나 끈끈이주걱이 사는 습지에는 흙속의 질소나 다른 무기물이 부족해요.

1. 파리지옥 2. 파리지옥에 갇힌 파리

그래서 곤충을 잡아 부족한 양분을 얻는 것이지요.

파리지옥은 잎을 넓게 벌려서 그 안에 파리가 좋아하는 냄새를 풍기게 해요. 냄새를 맡은 파리가 찾아와 두리번거리다가 잎에 있는 가시를 건드리게 되면 잎을 확 닫아 버려요. 잎 안에 갇힌 파리는 깜짝 놀라 달아나려 하지만, 이미 잎이 꽉 닫힌 뒤라 꼼짝할 수 없지요. 그 후 파리지옥은 소화액을 내보내 파리를 소화시켜서 흡수한답니다. 파리나 다른 벌레에게 파리지옥은 이름 그대로 지옥일 거예요.

또 끈끈이주걱은 벌레를 잡기 위해 잎끝을 둥글게 주걱 모양으로 만든 후 끈적끈적한 액체가 있는 털을 붙여 놨어요. 아무것도 모르

끈끈이주걱

는 벌레가 끈끈이주걱 근처로 다가와 끈끈한 털에 닿으면 주걱 모양의 잎을 돌돌 말아요. 잎을 돌돌 말아 벌레가 빠져나가지 못하게 한 다음 소화액을 내보내 벌레를 녹여서 빨아먹는답니다.

어때요? 벌레를 잡아먹는 식충식물이 정말 신기하지요? 식충식물은 벌레들에게 참 무서운 존재예요. 한번 걸렸다가는 빠져나가지도 못하고 서서히 죽음을 맛보게 되니까요. 하지만, 너무 두려워하거나 미워하지는 마세요. 양분분도 적고 살아가기 힘든 환경에 살아남기 위해서 식충식물은 할 수 있었던 최선을 다한 것일 뿐이니까요.

벌레먹이말

물속에 사는 식물 중에도 벌레를 잡아먹는 식물이 있어요. 그 대표적인 식물이 벌레먹이말이에요. 벌레먹이말은 벌레를 잡아 소화시키는 포충낭(벌레잡이주머니)을 여러 개 달고 있어요. 포충낭에는 털이 달린 문이 있는데 작은 벌레가 그 털을 건드리는 순간 문이 확 열리면서 벌레가 물과 함께 주머니 속으로 빨려 들어온답니다. 그럼 벌레먹이말은 그 벌레를 소화해서 먹은 후 다음 벌레를 먹기 위해 포충낭을 원래대로 비워 둔대요. 벌레를 이렇게나 빨리 잡아먹는 식물이라니! 식물은 알면 알수록 놀라운 친구예요!

13

식물세포와 동물세포는 다르다?

　여러 개의 꽃송이가 모여서 하나의 큰 꽃다발을 이루는 것처럼 우리의 몸도 작은 세포 여러 개가 모여서 이루어졌어요. 생물의 몸을 이루고 있는 가장 작은 단위가 세포인 것이지요. 그래서 우리 주변에서 볼 수 있는 모든 생물의 몸은 아주 작은 세포들이 모여서 구성된 거예요. 그 생물이 크건 작건, 식물이건 동물이건 상관없이 말이에요. 그렇다면 세포는 어떻게 생겼을까요?

　식물과 동물의 세포는 둘 다 세포막이라고 하는 얇은 막으로 둘러싸여 있어요. 그리고 그 안에 유전물질인 DNA가 들어 있는 핵이 있지요. 또 에너지를 만들어 생물이 살아가게 해 주는 미토콘드리아와 여러 물질들이 있어요.

　그런데 동물세포에는 없지만 식물세포에는 있는 것들이 있어요. 그것은 바로 엽록체와 세포벽이랍니다. 식물은 동물과 다르게 광합

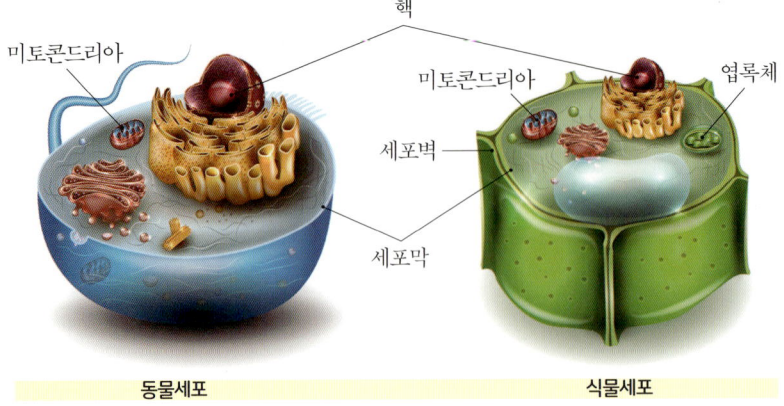

동물세포 　　　　　　　　식물세포

성을 해서 스스로 양분을 만들어 내기 때문에 식물세포에는 광합성 공장인 엽록체가 있어요.

또 식물세포 겉에는 세포막 말고도 세포벽이라고 하는 딱딱한 막이 하나 더 있어요. 식물은 뼈가 없어서 똑바로 설 수 없기 때문에 세포 겉에 벽을 만들어 세포를 단단하게 만들었지요. 그래서 식물은 세포벽의 힘으로 꼿꼿하게 설 수 있는 것이랍니다.

우리가 배를 먹을 때 입안에 느껴지는 오톨도톨한 것도 세포벽이 많이 발달한 식물세포인 돌세포(석세포) 때문이에요. 배 안에는 단단함을 유지시켜 주는 돌세포가 가득 들어 있거든요. 또 채소를 먹을 때 유난히 잘 씹히지 않는 줄기가 있는데, 그 줄기에도 세포벽이 많이 발달한 식물세포가 있는 것이랍니다.

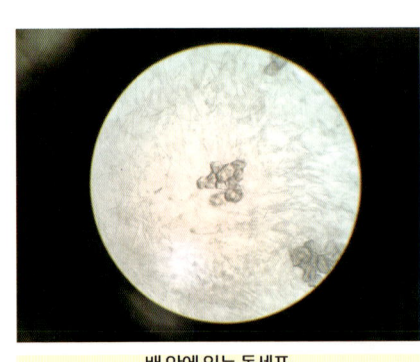

배 안에 있는 돌세포

14

동물이름을 가진 식물이 있다?

　낙지다리, 매발톱, 노루귀, 거북꼬리, 노루오줌! 이것들은 동물의 이름일까요, 식물의 이름일까요? 동물이름처럼 들리는 이 이름들은 놀랍게도 모두 식물의 이름이에요. 그렇다면 왜 식물에 동물이름을 붙인 것일까요? 식물인지 동물인지 헷갈리게 말이에요.

　식물에 동물의 이름을 붙인 가장 큰 이유는 그 식물이 어떤 동물과 닮았기 때문이에요. 꽃이나 잎, 심지어 냄새까지가 어떤 동물과 똑 닮은 식물들이 있거든요.

　먼저 동물과 닮은 꽃을 가진 식물에는 낙지다리나 매발톱이 있어요. 낙지다리는 꽃이 피어 있는 모습이 빨판이 있는 낙지의 다리와 똑 닮았어요. 매발톱도 꽃 모양이 꼭 매의 발톱처럼 생겼지요. 그래서 꽃을 보고 그 동물의 모습이 떠올라서 이름을 그렇게 붙였다고 해요.

1. 낙지다리 2. 매발톱 3. 노루귀 잎 4. 노루귀 꽃 5. 거북꼬리 6. 노루오줌

1. 왕쥐똥나무(꽃) 2. 병아리다리 3. 제비꽃 4. 개미자리

그리고 동물과 닮은 잎을 가진 식물에는 노루귀와 거북꼬리가 있어요. 이 두 식물은 각각 노루의 귀와 거북이의 꼬리랑 닮은 잎을 가지고 있지요.

마지막으로 냄새가 동물과 닮은 식물에는 노루오줌이 있어요. 노루오줌의 뿌리에는 약간 이상한 냄새가 나는데 이것이 노루의 오줌과 닮았다고 해서 이름을 붙였지요.

이 밖에도 동물이름을 가진 식물은 많이 있어요. 쥐의 똥처럼 생긴 열매를 맺는다고 해서 쥐똥나무, 작고 가느다란 모습이 병아리의 다리 같다고 해서 병아리다리, 남쪽에서부터 제비가 날아오는 시기에 꽃이 핀다고 해서 제비꽃, 꽃이 핀 곳엔 항상 개미구멍이 있다고 해서 개미자리는 모두 동물이름을 가진 식물이랍니다.

그런데 이런 이름들을 누가 붙였냐고요? 그것은 아주 옛날부터 사람들이 그 식물의 모양이나 냄새, 자라는 환경을 보고 이름을 붙여 부르던 것이 전해 내려온 것이랍니다.

다른 식물의 이름을 가진 식물

동물이 아닌 다른 식물의 이름을 가진 식물도 있어요. 으름난초는 으름덩굴의 열매와 닮은 열매를 맺는다고 해서 으름난초라고 불러요.

1. 으름난초 2. 으름덩굴 3. 수박풀 4. 오이풀

또 수박풀은 잎이 수박의 잎과 닮았다고 해서 수박풀이라고 부르지요. 오이풀은 잎이 오이와 닮아서가 아니라 잎에서 오이 냄새가 난다고 해서 오이풀이라고 붙였대요.

15

공기정화식물이 위험할 수 있다?

집을 새로 지었을 때 나온다는 해로운 물질이나 아토피, 전자파 등을 줄여 주고, 공기를 맑게 해 주는 공기정화식물은 참 고마운 식물이에요.

하지만, 공기정화식물은 아주 무서운 식물이기도 해요. 보통 공기정화식물은 공기정화기를 대신할 정도로 탁월한 효과를 가지고 있

디펜바키아

헤데라

는 동시에 식물 전체에 강한 독을 가지고 있거든요.

그래서 공기정화식물들은 잎이나 꽃 등을 함부로 만지거나 먹으면 심하게는 죽을 수도 있는 아주 위험한 식물들이에요. 믿을 수가 없다고요? 그렇다면 위험한 공기정화식물을 몇 가지 보여 줄게요. 잘 살펴보세요.

가장 흔한 헤데라는 아이비라고 불리는데, 알레르기를 일으키는 물질이 있어서 스치기만 해도 피부에 반응이 올 수 있어요. 그리고 헤데라와 더불어 흔하게 볼 수 있는 디펜바키아도 잎에 강한 독을 가지고 있어서 먹었을 때 입이 마비되어 말을 할 수 없게 돼요. 그리고 입과 목이 부어 숨을 제대로 쉴 수 없게 되기도 합니다.

또 여러 가지 아름다운 색깔의 꽃이 피는 란타나는 식물 전체에 독을 품고 있어서 잘못 먹게 되면 구토와 설사를 하게 되고 숨을 쉬지 못해 죽기도 해요.

그리고 독나무로 불리는 협죽도도 식물 전체에 강한 독이 있어서 잎이나 가지를 입에 물기만 해도 위험하지요. 어떤 사람은 협죽도

란타나

협죽도

의 가지로 젓가락을 만들어 음식을 먹다가 심장마비로 죽었다고 합니다.

이렇게 공기를 맑게 해 주는 몇몇 식물은 탁월한 효과를 가진 동시에 무시무시한 독을 가지고 있기 때문에 조심해서 키워야 해요.

그렇다면 나쁜 물질을 없애주는 고마운 식물들이 왜 이런 위험한 독을 가지고 있는 걸까요? 그것은 잎이나 가지를 자꾸 먹어 버리는 다른 동물들로부터 자신을 보호하기 위해서예요. 선인장이 자신을 지키기 위해 가시를 만들어 보호하는 것처럼 이 식물들은 독을 만들어 자신을 지키는 것이랍니다.

천사의 나팔꽃과 능소화

엔젤트럼펫이라고도 부르는 천사의 나팔꽃은 나팔처럼 생긴 큰 꽃이 아래를 향해 피는 식물이에요. 꽃이 핀 모습이 마치 천사가 나팔을 입에 물고 있는 모습이어서 그런 이름이 지어졌지요. 꽃이 피면 향기도 참 좋아요.

하지만 이런 아름다운 모습과는 달리 천사의 나팔꽃은 온몸에 강한 독을 지닌 무서운 식물이에요. 그래서 이 식물을 만진 손으로 눈을 비비거나 몸을 만지면 안 돼요. 또 방문을 닫아 둔 채로 천사의 나팔꽃과 함께 있으면 향기에 중독되어 정신을 잃을 수도 있기 때문에 조심해야 해요.

천사의 나팔꽃처럼 나팔 모양의 꽃을 피우는 식물이 또 있어요. 그것은 하늘을 능가할 만큼 높이 올라가서 꽃을 피운다는 뜻의 능소화랍니다. 하지만 능소화는 천사의 나팔꽃과는 다르게 독성이 있거나 위험한 식물은 아니에요. 그런데 한때 능소화의 꽃가루가 눈에 들어가면 실명이 된다는 오해가 있어서 사람들은 능소화를 싫어하기도 했어요. 뾰족하게 생긴 능소화의 꽃가루가 바람이 불면 눈으로 들어와서 실명을 일으킨다고 믿었지 뭐예요.

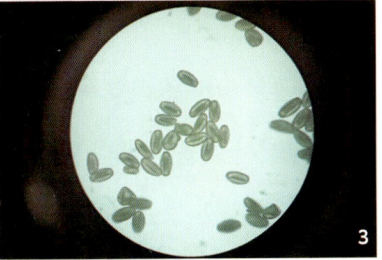

1. 천사의 나팔꽃　2. 미국능소화
3. 능소화의 꽃가루

하지만 능소화의 꽃가루는 뾰족하지 않을 뿐만 아니라 바람을 타고 날아가지도 못해요. 능소화 꽃에는 꿀이 많아서 그것을 먹으러 온 곤충이나 새가 꽃가루받이를 해 주거든요. 천사의 나팔꽃은 멀리해도 되지만 능소화는 미워하지 말아 주세요.

16

식물로 사람의 병을 치료한다?

식물에는 질병을 치료하거나 예방할 수 있는 물질이 많이 들어 있어요. 그래서 식물은 옛날부터 건강을 지키는 약으로 사용되어 왔지요. 우리가 자주 보는 한약도 식물을 이용한 약이에요. 또한 민간요법이라고 불리는 것 가운데는 주변에서 흔히 볼 수 있는 식물들을 이용한 것이 많아요.

식물을 약으로 사용할 때는 뿌리나 줄기, 잎, 열매 등을 그대로 사용하기도 하고 좋은 성분만 뽑아 내서 사용하기도 해요. 이 중 몇몇 식물에서 얻은 물질은 세계 여러 사람의 질병을 치료하는 데 쓰이는 의약품으로 개발되기도 했어요. 그 대표적인 예를 몇 가지 알아볼까요?

먼저 해열진통제로 많이 쓰이는 아스피린은 버드나무 줄기 껍질에서 뽑아 낸 물질로 만들었어요. 아주 먼 옛날부터 사람들은 열이

1. 버드나무 2. 버드나무 줄기(아스피린)

나고 아플 때 버드나무줄기 껍질을 달여 먹곤 했답니다. 이를 눈여겨보고 있던 사람들에 의해 1897년에 버드나무에서 얻은 물질을 가지고 아스피린이라는 이름의 약이 만들어졌어요.

그 후 아스피린은 부작용이 거의 없고 효과가 좋아서 전 세계 사람들에게 가장 많이 사용되는 약으로 자리 잡게 되었어요. 처음 나온 지 100년이 지난 지금까지도 아스피린은 많은 사람의 건강을 지켜 주고 있답니다.

또, 현재 전 세계적으로 가장 많이 쓰이는 암치료제인 탁솔도 주목에서 추출한 물질로 만들었어요. 학교나 길가에 많이 심어져 있어

1. 주목 2. 팔각 3. 은행나무 4. 양귀비

서 흔히 볼 수 있는 주목의 줄기 껍질에서 얻은 탁솔은 여러 암에 탁월한 효과가 있다고 해요.

그리고 한창 유명했던 신종 인플루엔자의 유일한 치료제로 알려진 타미플루는 붓순나무과 식물의 열매인 팔각에서 얻은 물질로 만든 것이에요. 이밖에 은행나무 잎으로 만든 혈액순환개선제와 양귀비로 만든 진통제인 모르핀 등 식물에서 얻은 물질로 의약품이 개발된 예는 헤아릴 수 없이 많아요.

하지만 아직도 우리가 밝히지 못한 식물의 효능은 엄청나게 많아요. 그 식물이 어떤 성분을 가지고 있고, 어떤 효과를 내는지 모르는 것이지요. 더구나 아예 밝혀지지 않아서 그 존재를 전혀 모르는 식물도 많답니다. 그 신비의 식물을 찾는 일을 여러분이 해 보는 건 어떨까요?

17

세계적으로 가장 인기 있는 크리스마스 트리는 한국의 나무이다?

멋지게 장식된 크리스마스 트리는 산타클로스 할아버지나 루돌프와 더불어 크리스마스를 대표하는 것이지요. 그런데 어떤 나무를 크리스마스 트리로 사용하는지 알고 있나요?

원래 크리스마스 트리는 전나무나 소나무 등 바늘잎을 가진 상록수로 꾸미는데, 이 중에서 세계적으로 가장 인기 있는 나무는 바로 한국의 구상나무랍니다.

구상나무는 우리나라에서만 자라는 특산식물로 주로 제주도나 전라도, 경상도 등 남쪽지방의 높은 산에 자라고 있어요. 구상나무는 구부러지지 않고 곧게 뻗은 줄기와 아름다운 자태, 추운 곳에서도 잘 자라는 생명력 등 많은 장점을 가지고 있어서 정원수로도 인기가 대단하답니다.

무엇보다 오래도록 시들지 않는 잎에서는 상쾌한 향이 나고 잎끝

| 구상나무 | 구상나무 잎 |

은 둥글둥글해서 몸에 닿아도 따갑지 않아요. 그래서 크리스마스 트리로 가장 인기가 많지요. 그런데 속상한 일이 있어요. 우리가 구상나무의 소중함을 알기도 전에 유럽이나 미국에서 우리의 구상나무를 가져다가 자기네 것으로 만들어 버렸거든요. 우리의 것을 가져다가 새로운 품종으로 만든 뒤 특허를 등록해 버려서 우리나라 나무인데도 우리 것이라고 말을 못하고 있어요. 오히려 우리나라는 이렇게 외국에서 개량한 구상나무를 크리스마스 때마다 비싸게 사오고 있답니다. 우리도 모르는 사이 구상나무의 주인이 바뀌다니 참 속상한 일이에요.

하지만, 이런 일이 처음이 아니에요. 구상나무처럼 세계적인 정원수로 이름을 날리는 '미스김라일락'의 조상도 우리나라의 특산식물인 털개회나무랍니다. 1947년 미국인 식물 채집가인 미더가 북한산에 있던 털개회나무의 씨앗을 미국으로 가지고 가서 새로운 품종으로 만들어낸 것이 미스김라일락이에요. 당시 미더의 일을 도와주었던 여자의 이름을 딴 미스김라일락은 풍부한 향기와 시간이 지나면서 변하는 꽃의 색깔 때문에 현재 아주 인기 있는 정원수예요. 하지

미스김라일락

  만, 안타깝게도 우리나라에서는 미스김라일락을 구상나무의 경우처럼 미국으로부터 거꾸로 수입하고 있는 실정이랍니다.

  하지만, 이제는 이런 안타까운 일이 있어서는 안 되겠지요. 이를 위해서 우리는 먼저 우리나라에 있는 아름답고 귀중한 식물을 잘 지키고 보존하는 것이 얼마나 중요한 일인지 알아야 해요. 그리고 모든 국민이 우리 식물을 소중히 아끼고 잘 보살펴야 합니다.

18

멸종위기에 처한 식물이 있다?

    환경의 급격한 변화와 사람들의 훼손으로 살아가는 터전을 잃고 사라져가는 식물들이 있어요. 그래서 우리나라에서는 이런 식물들을 멸종위기야생생물-식물로 지정해서 보호하고 있지요. 멸종위기 식물에는 Ⅰ급 13종, Ⅱ급 79종 총 92종의 식물이 있어요.(2022. 12. 9. 기준)

    그 중에서 멸종위기 Ⅰ급인 광릉요강꽃은 주머니처럼 생긴 꽃잎이 요강을 닮았다고 해서 이름 붙여진 식물이에요. 이 식물은 꽃이 예뻐서 사람들이 마구 가져가는 바람에 지금은 우리나라의 일부 지역에만 남아 있답니다.

    마찬가지로 멸종위기 Ⅰ급인 암매는 세계에서 가장 키가 작은 나무로 돌에 피는 매화이라는 뜻의 이름이에요. 바위에 앙증맞게 피어있는 모습이 너무 예뻐서 사람들이 캐어가는 것도 모자라서 점점

1. 광릉요강꽃 2. 암매(돌매화나무) 3. 제주고사리삼 4. 한라솜다리

따뜻해져가는 기후 때문에 암매는 한라산 꼭대기에만 모여 살고 있어요.

그밖에도 물가나 물속에 사는 가시연이나 각시수련, 갯봄맞이꽃, 검은별고사리, 끈끈이귀개, 매화마름, 물고사리, 서울개발나물, 순채, 자주땅귀개, 전주물꼬리풀, 제비붓꽃, 제주고사리삼, 조름나물, 참물부추, 해오라비난초는 물이 오염되거나 습지가 개발되면서 사라져가고 있어요.

특히 제주고사리삼은 전 세계에서 우리나라에만 살고 있는 식물이기 때문에 우리가 잘 보존하지 못한다면 지구에서 영영 사라져 버릴 거예요.

1. 노랑붓꽃 2. 섬개야광나무 3. 진노랑상사화 4. 한라송이풀

또 한라솜다리와 노랑붓꽃, 단양쑥부쟁이, 섬개야광나무, 섬현삼, 섬시호, 세뿔투구꽃, 연잎꿩의다리, 진노랑상사화, 참물부추, 한라송이풀도 우리나라에만 살고 있는 식물들이에요. 그래서 우리나라에서 사라지면 지구에서 사라지게 되는 셈이지요.

기후의 변화와 사람들의 욕심과 무관심이 합쳐져 소중한 우리 식물들이 사라져가고 있다는 건 참 슬픈 일이에요. 여기까지 식물이 좋아지는 식물책을 읽어 온 친구라면 식물이 없는 세상에서 우리가 살아갈 수 없다는 걸 알 거예요. 우리에게 많은 것을 주기만 한 식물들을 이제는 우리가 지켜 주고 살펴 주는 건 어떨까요?

멸종위기야생식물 I급 - 13종

광릉요강꽃, 금자란, 나도풍란, 만년콩, 비자란, 암매, 제주고사리삼, 죽백란, 탐라란, 털복주머니란, 풍란, 한라솜다리, 한란

멸종위기야생식물 II급 - 79종

가는동자꽃, 가시연, 가시오갈피나무, 각시수련, 개가시나무, 갯봄맞이꽃, 검은별고사리, 구름병아리난초, 기생꽃, 끈끈이귀개, 나도범의귀, 나도승마, 나도여로, 날개하늘나리, 넓은잎제비꽃, 노랑만병초, 노랑붓꽃, 눈썹고사리, 단양쑥부쟁이, 대성쓴풀, 대청부채, 대흥란, 독미나리, 두잎약난초, 매화마름, 무주나무, 물고사리, 물솜송, 방울난초, 백부자, 백양더부살이, 백운란, 복주머니란, 분홍장구채, 산분꽃나무, 산작약, 삼백초, 새깃아재비, 서울개발나물, 석곡, 선모시대, 선제비꽃, 섬개야광나무, 섬현삼, 섬시호, 세뿔투구꽃, 손바닥난초, 솔잎난, 순채, 신안새우난초, 애기송이풀, 연잎꿩의다리, 왕제비꽃, 으름난초, 자주땅귀개, 장백제비꽃, 전주물꼬리풀, 정향풀, 제비동자꽃, 제비붓꽃, 조름나물, 죽절초, 지네발란, 진노랑상사화, 차걸이란, 참닻꽃, 참물부추, 초령목, 칠보치마, 콩짜개란, 큰바늘꽃, 파초일엽, 피뿌리풀, 한라송이풀, 한라옥잠난초, 한라장구채, 해오라비난초, 흑난초, 홍월귤, 황근

초등학교 교과 연계 자료 목록

4학년

1학기 ·· 식물의 한살이
2학기 ·· 식물의 생활

5학년

1학기 ·· 다양한 생물과 우리생활
2학기 ·· 생물과 환경

6학년

1학기 ·· 식물의 구조와 기능

식물이 좋아지는 식물책

1판 1쇄 펴냄 2020년 3월 20일
1판 7쇄 펴냄 2025년 5월 2일

글·사진 김진옥

편집 김현숙 | **디자인** 이현정
마케팅 백국현(제작), 문윤기 | **관리** 오유나

펴낸곳 궁리출판 | **펴낸이** 이갑수

등록 1999년 3월 29일 제300-2004-162호
주소 10881 경기도 파주시 회동길 325-12
전화 031-955-9818 | **팩스** 031-955-9848
홈페이지 www.kungree.com | **전자우편** kungree@kungree.com
페이스북 /kungreepress | **트위터** @kungreepress
인스타그램 /kungree_press

ⓒ 김진옥, 2020.

ISBN 978-89-5820-640-8   73480

책값은 뒤표지에 있습니다.
파본은 구입하신 서점에서 바꾸어 드립니다.